David Gill

Heliometer Observations for Determination of Stellar Parallax

Made at the Royal Observatory, Cape of Good Hope

David Gill

Heliometer Observations for Determination of Stellar Parallax
Made at the Royal Observatory, Cape of Good Hope

ISBN/EAN: 9783337038885

Printed in Europe, USA, Canada, Australia, Japan

Cover: Foto ©berggeist007 / pixelio.de

More available books at **www.hansebooks.com**

HELIOMETER OBSERVATIONS

FOR

DETERMINATION OF STELLAR PARALLAX

MADE AT THE

ROYAL OBSERVATORY, CAPE OF GOOD HOPE,

BY

DAVID GILL, LL.D. (ABERD. AND EDIN.), F.R.S.,
HON. F.R.S., EDIN., &c.,

HER MAJESTY'S ASTRONOMER AT THE CAPE.

*Published by order of the Lords Commissioners of the Admiralty,
in obedience to Her Majesty's Command.*

LONDON:
PRINTED BY EYRE AND SPOTTISWOODE,
PRINTERS TO THE QUEEN'S MOST EXCELLENT MAJESTY.

1893.

INTRODUCTION.

Soon after I had the honour of being appointed Her Majesty's Astronomer at the Cape, in 1879, I directed the attention of the Lords Commissioners of the Admiralty to the fact that no adequate equipment for refined extra meridian observations existed at the Observatory. Before making further official proposals to remedy this defect I had the good fortune to procure, by private purchase, the Heliometer which I had used at Dun Echt, and in connexion with the expedition of Lord Lindsay (now the Earl of Crawford and Balcarres) to the Island of Mauritius in 1874, when I observed with it the opposition of the minor planet Juno,* and which I afterwards employed by Lord Lindsay's kind permission, in the Royal Astronomical Society's expedition to the Island of Ascension to observe the opposition of Mars in 1877.†

The instrument as employed at Mauritius and Ascension is fully described in the Dun Echt publications, Vol. II. For use at the Cape I could not obtain the original equatoreal mounting, and therefore ordered a new stand for the Heliometer tube and cradle from Sir H. Grubb of Dublin, taking advantage of the opportunity thus offered to have some alterations made on the instrument which previous experience had proved to be desirable. These alterations were chiefly in connexion with the slow motion of the tube in position-angle. In the original instrument the quick motion in position-angle was accomplished by turning a rod, which carried a pinion which acted on a wheel of which the Heliometer tube formed the axis. Slow motion was given by rotating this rod very slowly by means of a toothed wheel acted on by a tangent screw, but the effect was to create a certain amount of torsion of the rod before any rotation of the tube took place, so that there was wanting that immediate and precise response to the observer's action which is essential for easy and accurate measurement. I therefore planned the following arrangement.

At the end of the cradle next to the observer, there is fitted on the tube (or rather on one of the collars attached to the tube)

---

* Dun Echt publications, vol. ii.
† Memoirs of the R.A.S., vol. xlvi., pp. 1–172.

a ratchet wheel with square cut teeth. This wheel is so fitted as to turn smoothly on the collar, but, when the observer so desires, it can be clamped firmly to the tube by a handle coming down to the eye-end. A steel screw with a square-cut thread (such as Grubb uses for the driving screws of his Equatoreals) acts on the teeth of this wheel, whilst the pivots of this screw rest in bushes in a frame attached to the cradle. The screw is turned by bevel wheels acted on by a handle coming down to the eye-end. When the observer turns the handle the wheel slowly rotates; and, if the tube is clamped to the wheel, a smooth easy rotation is communicated to the tube. This slow motion as well as the Equatoreal mounting, and the driving clock were admirably constructed by Sir. H. Grubb and the instrument was in every respect efficient, stable, and convenient.

During a visit to some of the principal European observatories, before my departure for the Cape, I met Mr. W. L. Elkin, a student under Professor Winnecke, who was then engaged in preparing his "*Inaugural Dissertation*" for the Degree of Doctor of Philosophy at the University of Strasburg. The subject he had selected was the orbit and parallax of α *Centauri* and he applied to me for any observations of α *Centauri* as a double star, or any unpublished meridian observations of $\alpha\ \beta$ *Centauri* which I might find on the records of the Cape Observatory.* In the course of conversation I informed Mr. Elkin of my purchase of the Heliometer, and of the purposes to which I intended to apply it. He expressed much interest in my programme and his keen desire to take part in such work. It was finally arranged that, on the completion of his curriculum and on the arrival of the Heliometer, Dr. Elkin should come to the Cape and share my labours.

The Heliometer reached the Cape in the end of December 1880 (the Lords Commissioners of the Admiralty having defrayed the cost of transport), and I proceeded at once to erect it in an old observatory which had been built by Sir Thomas Maclear in 1847, to cover a small telescope by Dollond. This observatory is described in *Mem.* R.A.S., vol. xx., pp. 31-34. I had duly completed the necessary alterations of the building, and the adjustments of the instrument when Dr. Elkin arrived at the Cape, on 1881, January 31. The following month was spent in preliminary experiments, in the selection of stars of comparison, and in the preparation of a programme.

---

* These observations I supplied soon after my arrival at the Cape, and they are incorporated in his Dissertation "*Ueber die Parallaxe von α Centauri.*" Karlsruhe, 1880.

This settled, I was on the point of leaving for Durban and Aden to carry out the longitude operations connecting these places with the Cape, when I was suddenly recalled to England on urgent private affairs. I made new arrangements for the longitude work, so that when I returned to the Cape on 1881, June 30, I was enabled to take up the programme of the Heliometer observations at an earlier date than I originally intended. Dr. Elkin occupied my house in my absence, and remained as my guest, and as a member of my family circle until the completion of our programme. He sailed from the Cape on 1883, May 16. His work from first to last was a labour of love.

The results of the observations contained in this volume have been published in the Memoirs of the Royal Astronomical Society, vol. xlviii.; but in connexion with such work it is usual and desirable to publish sufficient details of the original observations to enable other Astronomers to verify the subsequent computations.

In the selection of comparison stars the conditions aimed at were :—

1. Symmetrical situation with respect to the star whose parallax is to be determined, that is to say, nearly at equal distances from it, and different in position-angle nearly 180°. As far as possible these position-angles should nearly coincide with the position-angle of the major axis of the parallactic ellipse, but when several pairs of comparison stars are employed this condition cannot of course be fulfilled.
2. Both comparison stars should be nearly of equal magnitude.
3. They should be stars having little or no proper motion.

The following are the positions of the comparison stars as determined with the Cape Transit Circle, and the adopted position-angle and distance from the principal star; the other existing observations reduced to the same equinox will be found in the *Mem.* R.A.S., *loc. cit.*

vi

Star	Comp. Star.	α 1882·0	δ 1882·0	Mag.	Adopted Position Angle.	Adopted Distance.	
		h m s	° ′ ″		°	″	R
a_2 Centauri	a	14.26.29·30	−59.29.41·6	7	323·07	3836	= 298·1
		31.35·77	−60.20.46·7	1			
	β	35.51·13	−61. 1. 7·8	7¼	142·24	3063	238·1
	a^1	18. 9·55	−60.13. 7·0	8	274·38	6012	467·2
	$β^1$	43.52·13	−60.21.23·4	8	90·39	5466	424·7
	a	30. 6·20	−58.36.56·7	6·9	354·27	6230	484·2
	b	33.43·37	−60.41.29·5	7½	168·45	4970	386·6
	a^1	25. 1·59	−60.16.42·8	8	274·73	2940	228·4
	b^1	14.37.52·90	−60.21.59·8	8	91·50	2802	217·6
Sirius	a	6.36.41·56	−15.53.41·4	7	310·21	3680	286·4
		39.56·81	−16.33.20·8	−1·4			
	β	42.22·37	−17.22.49·8	7	144·90	3630	282·0
	a	34.49·95	−17.11.12·3	7¾	242·77	4950	385·3
	b	6.45. 5·45	−15.53.40·0	8	61·83	5030	391·9
ε Indi	a	21.49.56·38	−57.15.56·0	7¼	270·35	2130	165·8
		21.54.19·39	−57.16.10·6	5·2			
	β	21.59.38·30	−57.25.28·5	7¾	102·17	2640	205·2
	a	21.44.30·89	−57.53.14·0	7	244·83	5200	406·4
	b	22. 5. 2·96	−57.53. 7·3	7¼	63·10	5920	459·5
Lacaille 9352	a	22.49.34·82	−37.18.25·9	7·9	245·88	6830	531·0
		22.58.14·42	−36.31.55·8	7·5			
	β	23. 3.47·98	−36. 2.17·8	7·3	66·21	4410	342·5
o_2 Eridani	a	4. 5. 6·75	− 9. 7.42·0	6·0	220·17	6270	487·3
		9.50·48	− 7.50.15·0	4·4			
	β	4.14.51·47	− 6.31.38·8	6·7	43·52	6500	505·2
β Centauri	γ	13.53.37·90	−59.41. 5·2	7	296·26	950	73·9
		13.55.30·40	−59.48. 9·6	1·2			
ζ Tucanæ	a	0.12.43·63	−64. 7.52·8	7½	355·02	5190	403·7
		13.54·74	−65.34. 6·0	4·1			
	b	0.16. 0·10	−66.57.31·9	7½	171·42	5060	393·5
ε Eridani	a	3. 8.17·08	−44.51.45·9	6·2	221·93	6570	511·4
		15.12·89	−43.31.18·9	4·4			
	b	3.21.58·74	−42. 3. 4·1	6·5	42·54	6920	538·3
Canopus	a	6.18.48·41	−52.36.16·0	8	293·98	1380	107·6
		21.19·92	−52.37.53·8	0·4			
	b	6.23.29·71	−52.34.58·6	8¼	81·50	1190	92·8

A complete observation consists of the following processes :—
1. The Position Circle is set to the required position-angle and the segments separated in distance the requisite amount.
2. The axis of the tube is directed, by means of the Hour and Declination Circles, to the middle point between the stars to be observed, when the images of the two stars are seen together in the field of view.
3. The observer, by slow motion in position-angle and distance, now brings the images to near contact, especially adjusting the distance as nearly as possible. This latter adjustment cannot be accurately made by superposing the images; the best practical method is to first place the images of the two stars so that, while the discs are nearly in contact, the line joining their centres shall be at right angles to the direction of measurement. The estimation of this condition is facilitated in two ways: 1st, the images formed by semi-lenses are not circles but ellipses, and when the definition is good and the stars are sufficiently bright, the most accurate plan is to make the major axes of the two ellipses coincident. The accuracy of this estimation is greatly enhanced by immediate and frequent interchange of the two images by use of the slow motion in position-angle. The symmetrical emergence of the elliptical discs from behind each other in alternate opposite directions forms the most refined method of "pointing" known to astronomers. When the images are very faint or ill-defined, the power of estimating distances in this way is not available, because the major axis of the ellipse cannot be precisely distinguished. To provide for this, four flat intersecting wires were inserted, in the common focus of the object glass and eye-piece, forming a square, in the centre of the field, two sides of the square are parallel to the direction of motion in distance, and two at right angles to this direction. The observer takes the latter pair of wires as his guides, and by motion of the "distance-handle" adjusts the position angle of the artificial close double star parallel to the direction of these wires. This observation is analogous to that in which an observer with a parallel-wire micrometer adjusts the wires parallel to the line joining the centres of the double star whose position angle he is measuring, but with this difference, that the latter moves the position-angle of his micrometer till the

wires are parallel to the stars under observation, whilst the Heliometer observer changes the apparent position-angle of the artificial double star by motions of his "distance-handle" until the line joining the components is parallel to his guiding wires. Immediately "crossing through" (i.e., exchanging the relative positions of the two stars), he verifies his former observation, and, if he finds it confirmed, proceeds to read the scales. The eye is very sensitive to the symmetrical crossing of the stars and readily detects any apparent change of parallelism in the guiding wires as such error in the first pointing is doubled after "crossing through."

The accuracy in pointing by either of these methods is greatly enhanced when the two images are precisely similar, hence the great attention paid to the construction of the screens employed to equalize the images. These screens were constructed of one, two, and three thicknesses of wire gauze of different mesh, and by careful selection and trial little difficulty was found in procuring satisfactory equalization of the images; the light of Sirius, for example, being reduced to such perfect equality with that of the comparison stars α and β (7th magnitude) that it was impossible to distinguish the image of Sirius from that of the comparison stars, either by the difference of brilliancy or by the appearance of the disc, when both were viewed near the centre of the square. If the images of the comparison stars differed in magnitude the screen was, as a rule, adjusted so as to reduce the brilliancy of the principal star to the mean brightness of the comparison stars.

When the observer has completed a "pointing" in the manner described, he reads the scales as already mentioned.

The "scales" are of silver, attached to the two slides which carry the halves of the object-glass and are divided into 150 divisions figured at each tenth division. The microscope views both scales at once and (approximately) when the readings of the scale are identical the optical centres of the segments are in coincidence. If this condition could always be realised, the difference of the readings of the two scales would give directly the distance measured in terms of the scale.

In practice it is of course necessary to find accurately the difference of the readings when the optical centres are in coincidence; this difference is termed the "Index-error."

Two turns of the micrometer-screw correspond very nearly with one division of the scale.

An account of the investigation of the division-errors of the scales is given in Dun Echt publications, Vol. II., pp. 11–51.

As the object throughout the following series of observations was to determine not the absolute distance of the primary star from its comparison stars but the change of these distances as produced by proper motion and parallax, the same divisions were employed throughout the whole of the observations of the same distance, and no corrections for division-error have been applied except for determining the Runs.

In reading the scales a pointer marks the centre of the field of view of the microscope, and the division preceding and following the pointer is read on each scale.

The segments and screen are reversed after each observation, a second pointing is made, and the scales again read.

The instrument is then set for the position-angle and distance of the second comparison star and directed by the circles to the middle point for the new pair, a pointing made, the scales read, the segments and screen reversed, the stars again pointed and the scales read.

Thus the distance of each of the two opposite comparison stars is measured once in each of the two opposite positions of the segments, and so also the effect of Index-error is eliminated. But such an observation is not complete, because it is non-symmetrical—a progressive change in the relative temperatures of different parts of the instrument may, as a matter of fact frequently does, create a change of scale-value which can only be eliminated by arranging the observations in symmetrical order. Therefore the same observations are repeated in the reverse order, that is to say, if the first pair be made in the order $a\ b$, the second pair would be in the order $b\ a$. The instrument having been reversed 180° in position-angle similar observations are made in the order $a\ b\ b\ a$. To complete the symmetry of the work, care was taken on the following night of observation to arrange the order $b\ a\ a\ b$.

The following is a copy of the form in which the observations were entered with the original record as entered by the observer.*

---

* No. 2 has been selected because there is a misprint in No. 1, *vide* list of errata.

HELIOMETER OBSERVATIONS AT THE CAPE OF GOOD HOPE, 6 JULY 1881.

OBJECTS: a_2 Centauri and b.

GROUP 2. GILL.   CHRONOMETER.

Bar. 30·25 in. Ther. 57·0°.

h m sec.		Readings.			h m sec.			
14·56·25	A	·603	105	1·600	. .	I	323	.
	B	·880	46	1·872		II		.
15· 0· 5	A	·300	45	2·310	. .	I		.
	B	·480	105	2·480		II		.
15·35·53	A	·623	45	2·633	. .	I	143	.
	B	·810	105	2·803		II		.
15·41· 5	A	·059	105	2·040	. .	I		.
	B	·343	46	2·335		II		.

Images 2–3.   Steadiness 2–3.   Bar. , in. Ther. , °

OBJECTS: a_2 Centauri and a.

GROUP 2. GILL.   CHRONOMETER.

Bar. , in. Ther. , °

h m sec.		Readings.			h m sec.			
15· 7·25	A	·257	38	1·245	. .	I	323	.
	B	·500	113	1·503		II		.
15·13·55	A	·780	113	0·780	. .	I		.
	B	·965	39	0·970		II		.
15·20·35	A	·795	113	0·783	. .	I	143	.
	B	·993	39	0·991		II		.
15·28·15	A	·730	38	1·719	. .	I		.
	B	·009	113	2·005		II		.

F. P. 9·50   Bar. , in. Ther. 59°.

Heliometer Observations at the Cape of Good Hope, 6 July 1881.

Objects: a_2 Centauri and b.

Group 2. Gill.   Chronometer.

h m sec.		Readings.			h m sec.		Bar. in.	Ther. 59·0 °
15·46· 0	A	·753	105	1·741	. . I	143	.	.
	B	·039	46	2·029	II			
15·50·55	A	·891	45	2·900	. . I			
	B	·090	105	3·087	II			
16·28·35	A	·560	45	2·563	. . I	323		
	B	·750	105	2·740	II			
16·35·40	A	·040	105	2·040	. . I			
	B	·294	46	2·279	II			

Bar. in.   Ther. °

Objects: a_2 Centauri and a.

Group 2. Gill.   Chronometer.

h m sec.		Readings.			h m sec.		Bar. in.	Ther. °
15·57·17	A	·461	38	1·442	. . I	143	.	.
	B	·718	113	1·717	II			
16· 4·37	A	·010	113	0·995	. . I			
	B	·210	39	1·211	II			
16·15· 0	A	·702	113	0·685	. . I	323		
	B	·880	39	0·883	II			
16·21·25	A	·540	38	1·527	. . I			
	B	·814	113	1·814	II			

Bar. 30·24 in.   Ther. 59·5 °

The times entered are those of the Sidereal Chronometer employed. In the block of "Readings" the left-hand column gives the reading of the scale division on the further side of the pointer from the micrometer head, the webs approach the head with increased readings of the head.

The middle column gives the division which is read on the side of the pointer next the micrometer head, and the right-hand column the micrometer reading on the named division.

The scale readings increase as the micrometer readings decrease; therefore, if we refer the scale readings to the zero of the micrometer, it is clear that were there no index-error, no error of Run, and no error of the micrometer-screw, the true reading for scale A. would be 105 divisions = 210 revolutions + 1·600 revolutions. But if we suppose for the moment that the division-errors are insensible, the error of Run on scale A. is ·603 − ·600 = + 0·003 rev. over two revolutions, or + ·0015 per revolution; because if the pointings were exact, and there were no division-error, both readings should agree or rather should differ exactly 2 rev. But since there are accidental errors of pointing in reading the micrometer scales, it is better to deduce the Run from all the scale readings made in the same complete observation, and this is accordingly done. In the example in question we have the following differences in order:—

Scale A.	Corr. for Screw-error.*	Scale B.	Corr. for Screw-error.
r	r	r	r
+ 0·003	+ 0·001	+ 0·008	+ 0·001
− ·010	·001	·000	·001
− ·010	·000	+ ·007	·000
+ ·019	·001	− ·008	·001
+ ·012	·002	− ·003	·001
·000	·002	− ·005	·002
+ ·012	·002	+ ·002	·002
+ ·011	·001	+ ·004	·001
+ ·012	·011	+ ·010	·001
− ·009	·000	+ ·003	·000
− ·003	·000	+ ·010	·000
·000	·001	+ ·015	·001
+ ·019	·002	+ ·001	·001
+ ·015	·002	− ·001	·002
+ ·017	·002	− ·003	·002
+ ·013	·001	·000	+ ·001
Sum + ·101	+ ·019	+ ·056	+ ·017

* The corrections for screw-error result from a very thorough investigation of the screw made independently by Gill and Elkin, the two results being in close agreement:—

$$0·00021 \overset{r}{\cos} u − 0·00165 \overset{r}{\sin} u − 0·00017 \overset{r}{\cos} 2u + 0·00043 \overset{r}{\sin} 2u + 0·00097 \overset{r}{n} − 0·00024 \overset{r}{n^2}$$

where u is the reading of the screw-head, and n the number of revolutions from 0·00.

The sum of the 16 apparent Runs   r
   over two revolutions is thus   - $+0 \cdot 101$ ⎱ Scale A.
   Correction for screw-error   - $+0 \cdot 019$ ⎰
Sum of 16 apparent Runs over
   two revolutions   -   - $+0 \cdot 056$ ⎱ Scale B.
   Correction for screw-error   - $+0 \cdot 017$ ⎰

$$64) + 0 \cdot 193$$

Mean correction for Run   - $+0 \cdot 0030$ per rev.

Having thus determined the correction for Run for one revolution, the corresponding correction is to be applied to the readings. These corrections might be applied only to the reading of the division next the micrometer-head, but in this way some accuracy would be lost. It is more exact to suppose that our point of reference is the middle point between the two divisions, and to shift our reference point in imagination, one revolution farther from the micrometer-head. The reduction is then precisely the same as if we used only one division and a known Run, except that the mean of the readings of the two scales is entered instead of the reading of only one.

Tables were prepared which give the correction for screw-error applicable to the mean of the readings of the two scales with the argument " lower reading."

The computation of the distances is then effected as follows :—

   Where the sign of B–A refers only to the sign of the **correction** for index-error.

xiv

Computation of Corrected

Name and Group				a_2 Centauri	
Date and Time	1881, July 6.		h m 15·4·1		
Scale	A	B	A	B
Follg. Div. × 2	210°	92°	90°	210°
Mean Screw Reading	+ 1·602	+ 1·876	+ 2·305	+ 2·480
Screw-error	+ 4	+ 4	+ 1	+ 2
Run	+ 5	+ 6	+ 7	+ 7
Sum	211·611	93·886	92·313	212·489
B−A Diff.	− 117·725		237·901	
Refn.	120·176		73	
Distance			237·974	

Name and Group				a_2 Centauri	
Date and Time			h m 15·16·5		
Scale	A	B	A	B
Follg. Div. × 2	76°	226°	226°	78°
Mean Screw Reading	+ 1·251	+ 1·502	+ 0·780	+ 0·968
Screw-error	+ 2	+ 2	+ 5	+ 4
Run	+ 4	+ 5	+ 2	+ 3
Sum	77·257	227·509	226·787	78·975
B−A Diff.	− 150·252		298·064	
Refn.	147·812		89	
Distance			298·153	

Name and Group				a_2 Centauri	
Date and Time			h m 15·54·3		
Scale	A	B	A	B
Follg. Div. × 2	210°	92°	90°	210°
Mean Screw Reading	+ 1·747	+ 2·034	+ 2·896	+ 3·089
Screw-error	+ 5	+ 2	+ 3	+ 2
Run	+ 5	+ 6	+ 9	+ 9
Sum	211·757	94·042	92·908	213·100
B−A Diff.	− 117·715		237·907	
Refn.	120·192		67	
Distance			237·974	

Name and Group				a_2 Centauri	
Date and Time			h m 16·6·8		
Scale	A	B	A	B
Follg. Div. × 2	76°	226°	226°	78°
Mean Screw Reading	+ 1·452	+ 1·718	+ 1·003	+ 1·211
Screw-error	+ 1	+ 5	+ 3	+ 2
Run	+ 4	+ 5	+ 3	+ 4
Sum	77·457	227·728	227·009	79·217
B−A Diff.	− 150·271		298·063	
Refn.	147·792		85	
Distance			298·148	

Scale and Screw Readings.

and *b*.

h m
15·44·3

2.

A	B	A	B
90· + 2·628 + 3 + 8	210· + 2·807 + 4 + 8	210· + 2·050 + 2 + 6	92· + 2·339 + 0 + 7
92·639	212·819	212·058	94·346
− 120·180 117·712		237·892 69	
		237·961	

and *a*.

h m
15·30·3

2.

A	B	A	B
226· + 0·789 + 5 + 2	78· + 0·992 + 3 + 3	76· + 1·725 + 5 + 5	226· + 2·007 + 2 + 6
226·796	78·998	77·735	228·015
− 147·798 150·280		298·078 88	
		298·166	

and *b*.

h m
16·38·0

2.

A	B	A	B
90· + 2·562 + 3 + 8	210· + 2·745 + 4 + 8	210· + 2·040 + 2 + 6	92· + 2·287 + 1 + 7
92·573	212·757	212·048	94·295
− 120·184 117·753		237·937 66	
		238·003	

and *a*.

h m
16·24·0

2.

A	B	A	B
226· + 0·694 + 5 + 2	78· + 0·882 + 4 + 3	76· + 1·534 + 3 + 5	226· + 1·814 + 4 + 5
226·701	78·889	77·542	227·823
− 147·812 150·281		298·093 84	
		298·177	

The correction for chronometer error on July 6, derived from comparison with the transit-clock, was $+5 \cdot 8$ m. which applied to the mean of each pair of chronometer times of observation gives the sidereal time for each pair of pointings as printed in the results.

The refraction is computed, having regard to the readings of the meteorological instruments, for each of these epochs; and being applied the result is the true observed distance free from index-error. The mean of four such determinations of each pair constitutes a complete observation for parallax. The reader who may desire to verify the refraction corrections has only to take the sum of the two distances marked r, the difference between this sum and the column marked R is the refraction. The figures in the column marked R give the distance in semi-revolutions of the micrometer-screw. In computing the effect of proper motion and aberration, and in the deduction of the parallaxes, a semi-revolution (R) of the micrometer-screw has been taken :—

$$R = 12'' \cdot 865.$$

The mean results of these observations and all details of their subsequent discussion are given in the Memoirs of the Royal Astronomical Society, vol. xlviii., and need not, therefore, be repeated here. **The concluded results are :—**.

Star.	Observer.	Parallax.	Probable Error.	Magnitude of Comparison Stars.
a_2 Centauri	Gill and Elkin	$+0''\cdot75$	$\pm0''\cdot01$	7·6
Sirius	,, ,,	$+\cdot38$	·01	7·5
ϵ Indi	,, ,,	$+\cdot22$	·03	7½
Lacaille, 9352	Gill	$+\cdot28$	·02	7·6
o_2 Eridani	,,	$+\cdot166$	·018	6·4
β Centauri	,,	$-\cdot018$	·019	7
ζ Tucanæ	Elkin	$+\cdot06$	·019	7½
e Eridani	,,	$+\cdot14$	·020	6·4
Canopus	,,	$+\cdot03$	·030	8

On the publication of these results (*loc. cit.*), I submitted to the Lords Commissioners of the Admiralty a proposal to acquire a new Heliometer, of seven inches aperture, for the observatory to continue the work on stellar parallax thus begun, and to determine the Solar Parallax by observations of Minor Planets. Their Lordships responded favourably to this appeal. The instrument was ordered from Messrs. Repsold and Söhne of

Hamburg in 1884, was completed early in 1887, slightly modified in a few details after inspection by me in Hamburg, and was erected, and at work at the Cape before the end of the same year. This instrument has in every respect fulfilled the high expectations which I had formed of its powers, and the results already obtained, and which will shortly be published, will, I trust, be found to have amply justified the liberality of the Lords Commissioners of the Admiralty.

DAVID GILL.

Royal Observatory,
    Cape of Good Hope,
        1893, January 13.

HELIOMETER OBSERVATIONS.

o 12309.   400.—5/84.   Wt. 1124.   E. & S.   A

HELIOMETER OBSERVATIONS FOR STELLAR PARALLAX.

MR. GILL'S OBSERVATIONS.

a_2 Centauri.   1881, July 5.

	α				β		
h m	r	r	R	h m	r	r	R
15 33·7	150·274	147·790	298·153	15 51·0	117·716	120·186	237·971
16 24·2	147·820	150·271	298·091	16 6·6	120·167	117·733	237·969
16 38·5	150·264	147·814	298·164	16 56·0	117·729	120·178	237·976
17 22·1	147·823	150·271	298·182	17 8·9	120·185	117·716	237·970

Bar. 30·42 in.   Ther. 49°·8.   Run + 2·4.   Images 2–3.   Steadiness 3.

---

a_2 Centauri.   1881, July 6.

	β				α		
h m	r	r	R	h m	r	r	R
15 4·1	117·725	120·176	237·974	15 16·5	150·252	147·812	298·153
15 44·3	120·180	117·712	237·961	15 30·3	147·798	150·280	298·166
15 54·3	117·715	120·192	237·974	16 6·8	150·271	147·792	298·148
16 38·0	120·184	117·753	238·003	16 24·0	147·812	150·281	298·177

Bar. 30·25 in.   Ther. 58°·5.   Run + 3·0.   Images 2–3.   Steadiness 2–3.

---

o_2 Eridani.   1881, July 6.

	α				β		
h m	r	r	R	h m	r	r	R
23 50·3	244·659	242·214	487·545	0 2·7	250·966	253·466	505·089
0 37·9	242·346	244·797	487·534	0 19·1	253·549	251·043	505·125

Bar. 30·22 in.   Ther. 54°·2.   Run + 5·0.   Images 3–4.   Steadiness 3–4.

---

a_2 Centauri.   1881, July 7.

	α				β		
h m	r	r	R	h m	r	r	R
17 3·6	147·812	150·299	298·195	17 19·7	120·210	117·741	238·020
18 10·5	150·278	147·830	298·206	17 59·5	117·743	120·210	238·027
18 21·3	147·808	150·248	298·159	18 31·6	120·188	117·735	238·008
20 4·4	150·196	147·752	298·160	19 51·0	117·691	120·154	237·989

Bar. 30·30 in.   Ther. 56°·5.   Run + 3·1.   Images 3.   Steadiness 3.

α_2 Centauri. 1881, July 8.

	β				α		
h m	r	r	R	h m	r	r	R
17 12·7	120·198	117·736	238·003	17 26·0	147·834	150·264	298·187
17 57·3	117·731	120·185	237·992	17 38·6	150·270	147·802	298·163
18 8·9	120·191	117·721	237·994	18 30·1	147·802	150·286	298·198
18 57·0	117·690	120·180	237·970	18 45·4	150·231	147·776	298·127

Bar. 30·38 in. Ther. 49°·0. Run + 3·7. Images 3. Steadiness 3.

ϵ Indi. 1881, July 8.

	α				β		
h m	r	r	R	h m	r	r	R
19 18·7	84·035	81·593	165·692	19 32·2	101·447	103·899	205·430
19 58·8	81·605	84·044	165·706	19 46·9	103·919	101·459	205·456
20 9·4	84·062	81·610	165·728	20 25·1	101·469	103·920	205·458
20 54·4	81·602	84·081	165·734	20 42·6	103·922	101·465	205·454

Bar. 30·35 in. Ther. 48°·0. Run + 4·2. Images 1-2 & 2. Steadiness 1-2 & 2.

α_2 Centauri. 1881, July 11.

	α				β		
h m	r	r	R	h m	r	r	R
15 49·0	147·782	150·263	298·133	15 58·1	120·184	117·739	237·992
16 16·4	150·251	147·789	298·126	16 7·0	117·705	120·191	237·965
17 7·5	147·785	150·262	298·134	17 18·3	120·188	117·699	237·958
17 34·8	150·266	147·803	298·159	17 26·5	117·743	120·181	237·995

Bar. 30·57 in. Ther. 49°·7. Run + 3·5. Images 1-2. Steadiness 2 & 1-2.

β Centauri. 1881, July 11.

	γ		
h m	r	r	R
16 31·9	35·715	38·176	73·916
16 47·3	38·192	35·719	73·937

Bar. 30·56 in. Ther. 59°·0. Run + 5·3. Images 1-2. Steadiness 1-2.

o_2 Eridani. 1881, July 11.

	β				α		
h m	r	r	R	h m	r	r	R
23 38·1	250·751	253·281	505·027	23 54·5	244·595	242·173	487·420
0 26·1	253·476	251·040	505·033	0 10·5	242·189	244·729	487·448
0 37·3	251·064	253·552	505·074	0 51·2	244·775	242·323	487·453
1 19·4	253·623	251·132	505·076	1 5·6	242·349	244·814	487·483

Bar. 30·57 in. Ther. 47°·9. Run + 2·9. Images 3 & 2-3. Steadiness 3-4 & 3.

α_2 Centauri.   1881, July 12.

	β				α		
h m	r	r	R	h m	r	r	R
17 32·9	120·219	117·696	237·988	17 49·0	147·774	150·262	298·131
18 21·9	117·717	120·201	238·003	18 8·2	150·262	147·769	298·133
19 6·8	120·194	117·685	237·986	19 15·7	147·763	150·237	298·148
19 46·8	117·666	120·171	237·982	19 33·4	150·263	147·730	298·162

Bar. 30·50 in.   Ther. 42°·2.   Run + 3·6.

β Centauri.   1881, July 12.

	γ		
h m	r	r	R
18 58·8	38·187	35·695	73·932
18 51·7	35·695	38·187	73·938

Bar. 30·50 in.   Ther. 41°·0.   Run + 2·5.

---

e_2 Eridani.   1881, July 14.

	α				β		
h m	r	r	R	h m	r	r	R
0 27·5	242·261	244·821	487·521	0 41·8	253·571	251·096	505·096
1 7·6	244·839	242·313	487·464	0 56·1	251·049	253·564	504·991
1 18·3	242·371	244·855	487·515	1 29·2	253·634	251·153	505·085
1 49·8	244·853	242·330	487·421	1 42·5	251·115	253·645	505·035

Bar. 30·45 in.   Ther. 51°·1.   Run + 3·3.

---

e_2 Eridani.   1881, July 15.

	β				α		
h m	r	r	R	h m	r	r	R
0 4·4	253·503	250·847	505·017	0 18·0	242·141	244·815	487·445
0 47·8	250·951	253·662	505·027	0 36·8	244·871	242·185	487·460
0 58·6	253·713	250·985	505·075	1 10·5	242·244	244·907	487·460
1 35·3	251·057	253·705	505·052	1 22·9	244·926	242·266	487·476

Bar. 30·25 in.   Ther. 42°·5.   Run + 4·1.

α_2 Centauri.   1881, July 16.

	β_1				α_1		
h m	r	r	R	h m	r	r	R
15 48·8	213·557	210·975	424·659	16 6·1	232·322	234·889	467·359
16 41·5	210·949	213·521	424·618	16 22·6	234·902	232·312	467·369
16 55·5	213·557	210·963	424·674	17 11·8	232·299	234·844	467·330
17 37·0	210·922	213·494	424·600	17 24·9	234·872	232·292	467·363

Bar. 29·99 in.   Ther. 57°·5.   Run + 3·4.

α_2 Centauri.   1881, July 19.

	α				β		
h m	r	r	R	h m	r	r	R
15 46·1	147·646	150·390	298·125	15 58·9	120·320	117·605	237·995
16 28·2	150·391	147·666	298·144	16 15·6	117·597	120·323	237·989
17 13·3	147·652	150·392	298·132	17 26·8	120·311	117·603	237·985
17 48·7	150·383	147·643	298·120	17 38·8	117·575	120·310	237·958

Bar. 30·32 in.   Ther. 39°·8.   Run + 4·9.

β Centauri.   1881, July 19.

	γ		
h m	r	r	R
16 44·4	35·588	38·297	73·911
16 54·4	38·311	35·579	73·918

Bar. 30·32 in.   Ther. 42°·0.   Run + 4·3.

o_2 Eridani.   1881, July 19.

	α				β		
h m	r	r	R	h m	r	r	R
0 1·8	242·062	244·788	487·447	0 17·9	253·580	250·918	505·069
0 48·0	244·921	242·198	487·489	0 37·6	250·949	253·678	505·055
0 59·6	242·210	244·910	487·458	1 14·3	253·726	251·000	505·062
1 47·0	244·957	242·263	487·469	1 32·4	251·014	253·733	505·046

Bar. 30·22 in.   Ther. 37°·7.   Run + 4·6.

α_2 Centauri.   1881, July 20.

	α_1				β_1		
h m	r	r	R	h m	r	r	R
16 36·2	234·895	232·248	467·312	16 51·2	210·878	213·572	424·609
17 16·6	232·198	234·899	467·296	17 4·0	213·584	210·881	424·632
17 32·3	234·867	232·218	467·298	17 44·0	210·879	213·580	424·657
18 12·4	232·168	234·867	467·296	17 59·3	213·554	210·867	424·633

Bar. 30·09 in.   Ther. 41°·8.   Run + 3·1.

α_2 Centauri.   1881, July 24.

	β_1				α_1		
h m	r	r	R	h m	r	r	R
16 29·4	210·913	213·578	424·636	16 44·2	234·906	232·193	467·272
17 7·2	213·606	210·890	424·663	16 58·7	232·215	234·894	467·292
17 16·1	210·872	213·560	424·605	17 29·0	234·882	232·209	467·300
17 54·0	213·558	210·884	424·646	17 39·8	232·196	234·858	467·274

Bar. 30·42 in.   Ther. 51°·8.   Run + 4·0.

a_2 Centauri. 1881, July 25.

	a_1				β_1		
h m	r	r	R	h m	r	r	R
16 6.8	234.897	232.211	467.260	16 19.2	210.916	213.585	424.642
16 46.4	232.202	234.880	467.255	16 34.4	213.610	210.886	424.644
16 54.8	234.897	232.204	467.280	17 6.3	210.872	213.609	424.647
17 34.4	232.180	234.870	467.263	17 19.8	213.586	210.889	424.651

Bar. 30.48 in. Ther. 53°.5. Run + 4'.1.

o_2 Eridani. 1881, July 25.

	β				a		
h m	r	r	R	h m	r	r	R
0 22.0	253.573	250.890	504.988	0 38.0	242.157	244.856	487.406
1 2.5	250.957	253.658	504.974	0 51.3	244.862	242.185	487.401
1 13.6	253.704	250.985	505.019	1 29.0	242.219	244.910	487.398
1 53.2	251.009	253.715	504.974	1 44.3	244.940	242.247	487.427

Bar. 30.43 in. Ther. 53°.5. Run + 4'.2.

o_2 Eridani. 1881, July 26.

	a				β		
h m	r	r	R	h m	r	r	R
0 32.5	244.831	242.277	487.528	0 46.8	250.920	253.638	504.976
1 15.5	242.189	244.879	487.366	1 3.9	253.660	250.991	505.012
1 27.2	244.903	242.240	487.419	1 37.6	251.016	253.683	504.983
2 2.4	242.252	244.946	487.427	1 49.9	253.684	251.034	504.987

Bar. 30.25 in. Ther. 43°.0. Run + 3'.9.

a_2 Centauri. 1881, July 27.

	β_1				a_1		
h m	r	r	R	h m	r	r	R
17 15.1	213.554	210.878	424.601	17 32.1	232.155	234.840	467.201
18 1.8	210.850	213.482	424.539	17 46.8	234.835	232.191	467.247
18 14.3	213.533	210.831	424.584	18 28.3	232.130	234.858	467.260
19 2.9	210.831	213.491	424.601	18 49.6	234.791	232.066	467.162

Bar. 30.15 in. Ther. 59°.0. Run + 3'.9.

a_2 Centauri. 1881, July 28.

	a_1				β_1		
h m	r	r	R	h m	r	r	R
16 33.9	234.875	232.204	467.245	16 46.6	210.874	213.562	424.591
17 9.9	232.200	234.862	467.253	16 59.1	213.509	210.863	424.533
17 37.8	234.807	232.143	467.167	17 47.0	210.866	213.516	424.579
18 8.1	232.207	234.814	467.273	17 55.9	213.499	210.881	424.586

Bar. 30.21 in. Ther. 49°.9. Run + 3'.7.

a_2 Eridani. 1881, July 28.

	β				α		
h m	r	r	R	h m	r	r	R
0 33.1	250.910	253.594	504.976	0 47.4	244.818	242.180	487.362
1 10.6	253.669	250.990	504.998	1 0.6	242.198	244.864	487.390
1 20.4	251.012	253.650	504.980	1 31.7	244.872	242.216	487.355
1 53.9	253.674	251.038	504.970	1 44.4	242.217	244.901	487.364

Bar. 30·24 in.   Ther. 48°·1.   Run + 5·2.

a_2 Centauri. 1881, July 29.

	β_1				α_1		
h m	r	r	R	h m	r	r	R
16 32.5	213.547	210.909	424.602	16 42.1	232.194	234.841	467.205
17 2.1	210.906	213.541	424.609	16 51.7	234.891	232.177	467.245
17 12.1	213.540	210.897	424.606	17 22.3	232.167	234.834	467.200
17 41.9	210.863	213.550	424.605	17 32.1	234.861	232.186	467.206

Bar. 30·26 in.   Ther. 53°·8.   Run + 4·3.

a_2 Centauri. 1881, August 28.

	β				α		
h m	r	r	R	h m	r	r	R
17 19.1	117.688	120.228	237.985	17 33.7	150.258	147.711	298.058
18 7.4	120.242	117.698	238.017	17 55.3	147.723	150.228	298.045
18 23.4	117.694	120.197	237.973	18 36.9	150.241	147.707	298.060
19 10.7	120.229	117.689	238.025	18 54.2	147.715	150.218	298.057

Bar. 30·34 in.   Ther. 56°·0.   Run + 3·3.

a_2 Centauri. 1881, August 29.

	α				β		
h m	r	r	R	h m	r	r	R
17 30.1	150.219	147.719	298.025	17 39.2	117.703	120.230	238.004
18 0.7	147.728	150.226	298.050	17 51.5	120.191	117.738	238.002
18 12.2	150.213	147.721	298.033	18 23.5	117.701	120.227	238.010
18 45.7	147.706	150.212	298.035	18 33.4	120.200	117.700	237.986

Bar. 30·33 in.   Ther. 57°·8.   Run + 4·2.

Sirius. 1881, August 29.

	α				β		
h m	r	r	R	h m	r	r	R
2 20.6	144.380	141.886	286.374	2 33.3	139.713	142.233	282.027
3 0.5	141.879	144.385	286.360	2 47.9	142.232	139.735	282.048
3 12.3	144.363	141.884	286.340	3 25.3	139.748	142.222	282.051
3 49.3	141.870	144.385	286.342	3 36.9	142.224	139.713	282.018

Bar. 30·28 in.   Ther. 50°·4.   Run + 4·5.

a_2 Centauri.   1881, August 20.

	β				α		
h m	r	r	R	h m	r	r	R
17 36·2	117·714	120·194	237·978	17 46·3	150·242	147·702	298·035
18 6·6	120·225	117·708	238·010	17 57·0	147·732	150·204	298·040
18 47·1	117·679	120·215	237·987	18 57·1	150·194	147·718	298·039

in
Bar. 30·34.   Ther. 55°·6.   Run + 4·4.

β Centauri.   1881, August 30.
γ

h m	r	r	R
18 22·8	35·698	38·171	73·911
18 33·1	38·136	35·683	73·868

ε Indi.   1881, August 31.

	β				α		
h m	r	r	R	h m	r	r	R
1 45·0	101·358	103·882	205·347	1 56·9	84·039	81·556	165·693
2 24·4	103·874	101·376	205·386	2 10·5	81·581	84·054	165·741
2 39·8	101·375	103·903	205·428	2 51·5	84·011	81·547	165·691
3 19·9	103·840	101·348	205·386	3 5·5	81·525	84·006	165·676

in
Bar. 30·10.   Ther. 52°·2.   Run + 5·3.

---

a_2 Centauri.   1881, September 3.

	α				β		
h m	r	r	R	h m	r	r	R
18 10·4	150·238	147·731	298·070	18 17·8	117·715	120·217	238·013
18 34·2	147·702	150·210	298·025	18 26·5	120·209	117·710	238·003
19 5·8	147·702	150·193	298·030	19 12·6	120·217	117·690	238·017
19 27·9	150·188	147·708	298·055	19 20·0	117·678	120·196	237·990

in
Bar. 30·24.   Ther. 47°·3.   Run + 3·7.

β Centauri.   1881, September 3.
γ

h m	r	r	R
18 46·2	38·188	35·680	73·921
18 55·0	35·676	38·180	73·912

in
Bar. 30·24.   Ther. 47°·0.   Run + 5·4.

ε Indi.   1881, September 3.

α				β			
h m	r	r	R	h m	r	r	R
22 8.4	81.606	84.059	165.712	22 23.0	103.924	101.415	205.398
22 50.0	84.096	81.585	165.730	22 36.0	101.415	103.896	205.370
23 1.9	81.586	84.071	165.707	23 10.6	103.905	101.407	205.373
23 34.6	84.091	81.591	165.737	23 27.9	101.385	103.903	205.350

Bar. 30.21 in.   Ther. 49°.3.   Run + 3".9.

Sirius.   1881, September 5.

β				α			
h m	r	r	R	h m	r	r	R
2 36.8	139.714	142.251	282.046	2 51.1	144.378	141.874	286.351
3 11.4	142.234	139.727	282.042	3 0.7	141.870	144.374	286.341
3 19.1	139.733	142.227	282.041	3 28.4	144.404	141.873	286.367
3 57.3	142.240	139.725	282.045	3 43.2	141.869	144.397	286.355

Bar. 30.21 in.   Ther. 45°.2.   Run + 4".5.

ε Indi.   1881, September 6.

β				α			
h m	r	r	R	h m	r	r	R
2 16.0	103.869	101.373	205.376	2 33.1	81.534	84.033	165.692
3 4.2	101.394	103.855	205.430	2 50.7	84.052	81.527	165.715
3 17.3	103.859	101.340	205.398	3 32.4	81.504	84.019	165.697
4 1.1	101.273	103.838	205.386	3 43.0	84.013	81.494	165.693

Bar. 30.38 in.   Ther. 42°.2.   Run + 5".5.

α₂ Centauri.   1881, September 7.

β				α			
h m	r	r	R	h m	r	r	R
18 28.2	120.222	117.682	237.989	18 38.4	147.718	150.255	298.087
18 59.5	117.716	120.207	238.023	18 50.5	150.199	147.727	298.048
19 38.7	117.706	120.210	238.048	19 48.4	150.178	147.680	298.040
20 13.6	120.185	117.655	238.017	19 59.8	147.661	150.189	298.054

Bar. 30.42 in.   Ther. 54°.8.   Run + 3".1.

β Centauri.   1881, September 7.

γ			
h m	r	r	R
19 10.1	35.701	38.189	73.951
19 24.8	38.147	35.688	73.903

ε Indi. 1881, September 7.

α				β			
h m	r	r	R	h m	r	r	R
22 10·0	81·582	84·089	165·718	22 19·6	103·909	101·395	205·363
22 46·3	84·096	81·577	165·722	22 33·9	101·388	103·910	205·357
22 56·9	81·558	84·102	165·710	23 8·1	103·914	101·390	205·365
23 28·2	84·078	81·600	165·731	23 18·2	101·414	103·913	205·389

Bar. 30·42 in.   Ther. 55°·3.   Run + 6·5.

α₂ Centauri. 1881, September 10.

α₁				β₁			
h m	r	r	R	h m	r	r	R
17 57·0	234·731	232·305	467·270	18 13·3	210·953	213·424	424·597
18 38·8	232·249	234·716	467·255	18 27·2	213·456	210·958	424·649
18 49·3	234·730	232·278	467·314	19 3·5	210·915	213·416	424·612
19 24·0	232·210	234·636	467·217	19 16·2	213·416	210·957	424·673

Bar. 30·18 in.   Ther. 57°·0.   Run + 2·7.

ε Indi. 1881, September 10.

β				α			
h m	r	r	R	h m	r	r	R
22 19·8	103·887	101·418	205·363	22 29·3	81·615	84·069	165·732
23 0·3	101·403	103·859	205·321	22 41·0	84·055	81·602	165·706
23 15·3	103·918	101·399	205·378	23 29·4	81·618	84·067	165·738
23 55·8	101·420	103·914	205·401	23 43·1	84·060	81·632	165·747

Bar. 30·17 in.   Ther. 53°·3.   Run + 4·4.

α₂ Centauri. 1881, September 13.

α				β			
h m	r	r	R	h m	r	r	R
17 57·1	150·219	147·746	298·060	18 9·6	117·736	120·221	238·036
18 29·9	147·732	150·223	298·064	18 21·1	120·200	117·739	238·021
18 42·2	150·208	147·724	298·049	18 54·9	117·718	120·219	238·035
19 18·8	147·720	150·234	298·102	19 4·7	120·206	117·708	238·018

Bar. 30·30 in.   Ther. 49°·3.   Run + 2·1.

ε Indi. 1881, September 13.

β				α			
h m	r	r	R	h m	r	r	R
22 30·1	101·401	103·895	205·356	22 47·8	84·061	81·598	165·710
23 12·0	103·907	101·422	205·391	22 59·8	81·586	84·052	165·689
23 24·3	101·384	103·891	205·338	23 41·4	81·051	81·586	165·693
0 5·5	103·899	101·430	205·400	23 55·0	81·596	84·057	165·712

Bar. 30·35 in.   Ther. 45°·2.   Run + 5·1.

Lacaille 9352.   1881, September 14.

α				β			
h m	r	r	R	h m	r	r	R
1 48·2	266·384	263·866	530·457	1 52·2	170·044	172·533	342·706
2 23·9	263·860	266·325	530·417	2 7·4	172·531	170·040	342·709
2 36·3	266·325	263·862	530·432	2 49·1	170·055	172·518	342·734
3 17·2	263·837	266·320	530·454	3 1·7	172·536	170·016	342·724

Bar. 30·44 in.   Ther. 49°·0.   Run + 5·9.

Sirius.   1881, September 14.

α				β			
h m	r	r	R	h m	r	r	R
3 46·3	144·393	141·891	286·372	3 57·6	139·728	142·233	282·041
4 22·9	141·896	144·388	286·368	4 9·8	142·222	139·743	282·045
4 32·4	144·380	141·920	286·383	4 45·6	139·735	142·232	282·048
5 9·2	141·888	144·378	286·348	4 58·6	142·223	139·742	282·046

Bar. 30·39 in.   Ther. 49°·5.   Run + 2·4.

α₂ Centauri.   1881, September 20.

β				α			
h m	r	r	R	h m	r	r	R
18 26·6	117·766	120·185	238·034	18 37·4	150·188	147·719	298·019
19 2·6	120·179	117·726	238·006	18 51·1	147·740	150·186	298·047
19 12·8	117·736	120·194	238·038	19 22·4	150·168	147·695	298·013
19 44·9	120·183	117·736	238·056	19 34·9	147·715	150·153	298·033

Bar. 30·32 in.   Ther. 58°·0.   Run + 4·1.

ε Indi.   1881, September 20.

α				β			
h m	r	r	R	h m	r	r	R
20 16·2	81·607	84·063	165·724	20 29·2	103·855	101·427	205·350
20 56·4	84·082	81·627	165·759	20 43·6	101·417	103·843	205·326
21 7·3	81·604	84·061	165·714	21 19·8	103·880	101·425	205·365
21 41·0	84·055	81·635	165·736	21 32·4	101·424	103·868	205·353

Bar. 30·33 in.   Ther. 56°·0.   Run + 5·0.

Sirius.   1881, September 20.

β				α			
h m	r	r	R	h m	r	r	R
3 1·6	142·230	139·718	282·028	3 9·9	141·890	144·386	286·369
3 30·7	139·709	142·247	282·036	3 19·6	144·413	141·867	286·371
3 40·8	142·247	139·710	282·037	3 49·7	141·867	144·420	286·384
4 8·8	139·713	142·245	282·037	3 59·0	144·394	141·874	286·363

Bar. 30·32 in.   Ther. 54°·7.

		ε Indi.			1881, September 21.		
	β				α		
h m	r	r	R	h m	r	r	R
23 8·7	101·385	103·909	205·354	23 20·3	84·106	81·585	165·743
23 46·3	103·913	101·392	205·370	23 34·0	81·570	84·087	165·711
23 58·2	101·380	103·927	205·374	0 10·5	84·113	81·601	165·776
0 36·6	103·914	101·392	205·382	0 23·2	81·577	84·077	165·717

Bar. 30·29 in.   Ther. 58°·0.   Run + 4°·0.

		α₂ Centauri.			1881, September 23.		
	α				β		
h m	r	r	R	h m	r	r	R
18 51·5	147·663	150·227	298·011	19 8·5	120·210	117·703	238·017
19 40·6	150·203	147·649	298·022	19 26·5	117·706	120·182	238·007

Bar. 30·27 in.   Ther. 59°·0.   Run + 4°·8.

		Sirius.			1881, September 23.		
	α				β		
h m	r	r	R	h m	r	r	R
3 47·7	141·869	144·375	286·330	3 56·5	142·249	139·728	282·055
4 16·4	144·391	141·871	286·346	4 6·5	139·708	142·231	282·017
4 44·7	141·885	144·415	286·382	4 35·0	142·256	139·699	282·034
5 1·0	144·395	141·900	286·376	4 49·9	139·724	142·204	282·007

Bar. 30·24 in.   Ther. 57°·5.   Run + 1°·7.

		ε Indi.			1881, September 24.		
	α				β		
h m	r	r	R	h m	r	r	R
23 56·0	81·632	84·086	165·776	0 7·4	103·924	101·440	205·434
0 35·8	84·074	81·603	165·744	0 21·2	101·447	103·896	205·416
0 45·1	81·612	84·042	165·724	0 55·4	103·900	101·402	205·385
1 23·7	84·093	81·585	165·762	1 9·4	101·415	103·880	205·383

Bar. 30·20 in.   Ther. 56°·7.   Run + 4°·0.

		α₂ Centauri.			1881, September 26.		
	α				β		
h m	r	r	R	h m	r	r	R
19 1·2	147·716	150·199	298·043	19 8·4	120·190	117·711	238·006
19 29·9	150·215	147·721	298·095	19 28·9	117·730	120·197	238·049
19 38·5	147·704	150·164	298·037	19 47·8	120·194	117·713	238·048
20 6·3	150·151	147·713	298·080	20 8·5	117·699	120·182	238·049

Bar. 30·13 in.   Ther. 53°·2.   Run + 4°·9.

Sirius. 1881, September 27.

	β				α		
h m	r	r	R	h m	r	r	R
3 16·5	139·749	142·221	282·049	3 26·8	144·382	141·906	286·376
3 49·2	142·260	139·733	282·072	3 37·7	141·905	144·404	286·396
4 2·8	139·722	142·234	282·034	4 16·3	144·412	141·907	286·402
4 41·1	142·240	139·745	282·064	4 27·9	141·909	144·404	286·394

Bar. 30·10 in.   Ther. 57°·7.   Run + 3·2.

Sirius. 1881, September 30.

	α				β		
h m	r	r	R	h m	r	r	R
3 48·0	144·403	141·886	286·375	3 59·2	139·742	142·212	282·033
4 28·6	141·847	144·398	286·328	4 12·1	142·209	139·722	282·010

Bar. 30·10 in.   Ther. 54°·0.   Run + 3·1.

α₂ Centauri. 1881, October 4.

	β				α		
h m	r	r	R	h m	r	r	R
19 25·4	117·697	120·186	237·998	19 34·5	150·159	147·700	298·021
20 1·3	120·173	117·700	238·020	19 55·6	147·695	150·171	298·042
20 10·6	117·669	120·151	237·989	20 21·5	150·163	147·676	298·084
20 42·1	120·101	117·656	237·985	20 31·1	147·627	150·119	298·014

Bar. 30·07 in.   Ther. 61°·3.   Run + 3·4.

Sirius. 1881, October 4.

	β				α		
h m	r	r	R	h m	r	r	R
4 1·2	142·240	139·721	282·039	4 9·8	141·876	144·384	286·344
4 41·0	139·745	142·227	282·051	4 22·8	144·388	141·889	286·360
4 50·0	142·233	139·731	282·043	5 0·6	141·887	144·397	286·364
5 26·6	142·250	139·757	282·077	5 12·8	141·908	144·400	286·388

Bar. 30·03 in.   Ther. 55°·0.   Run + 2·9.

α₂ Centauri. 1881, October 6.

	α				β		
h m	r	r	R	h m	r	r	R
21 4·9	147·583	150·110	298·080	21 15·1	120·109	117·618	238·050
21 37·4	150·025	147·519	298·097	21 27·0	117·603	120·078	238·048
21 45·5	147·495	149·930	298·033	21 52·4	119·975	117·526	237·986
22 22·5	149·802	147·290	298·029	22 7·0	117·472	119·951	237·993

Lacaille 9352. 1881, October 6.

β					α		
h m	r	r	R	h m	r	r	R
1 22·9	170·010	172·550	342·668	1 50·1	266·409	263·901	530·515
2 23·9	172·533	170·034	342·709	2 11·0	263·845	266·367	530·432

α_2 Centauri. 1881, October 7.

β					α		
h m	r	r	R	h m	r	r	R
19 39·1	117·683	120·190	238·004	19 49·1	150·165	147·674	298·023
20 8·3	120·187	117·691	238·045	19 59·0	147·691	150·158	298·050
20 15·7	117·687	120·166	238·032	20 22·6	150·143	147·679	298·072
20 43·2	120·154	117·652	238·039	20 34·6	147·642	150·114	298·038

Bar. 30·25 in. Ther. 58°·0. Run + 3·0.

Sirius. 1881, October 8.

β					α		
h m	r	r	R	h m	r	r	R
4 48·1	139·753	142·247	282·080	5 1·4	144·422	141·915	286·419
5 34·1	142·232	139·732	282·046	5 18·4	141·928	144·408	286·418
5 44·1	139·738	142·239	282·059	5 54·9	144·401	141·891	286·375
6 11·9	142·240	139·763	282·086	6 4·2	141·931	144·406	286·420

Bar. 30·17 in. Ther. 50°·5. Run + 3·0.

ε Indi. 1881, October 10.

β					α		
h m	r	r	R	h m	r	r	R
0 20·3	101·389	103·890	205·353	0 33·8	84·097	81·602	165·767
0 52·4	103·906	101·397	205·386	0 43·8	81·595	84·072	165·738
0 59·2	101·393	103·860	205·338	1 7·4	84·078	81·580	165·736
1 25·5	103·887	101·378	205·362	1 16·4	81·580	84·069	165·731

Bar. 30·32 in. Ther. 49°·7. Run + 4·1.

α_2 Centauri. 1881, October 12.

α					β		
h m	r	r	R	h m	r	r	R
20 6·9	150·155	147·671	298·041	20 16·4	117·678	120·164	238·022
20 38·1	147·640	150·070	298·001	20 27·1	120·139	117·691	238·029
20 49·6	150·086	147·608	298·021	21 4·0	117·681	120·112	238·080
21 22·7	147·592	150·024	298·084	21 14·5	120·102	117·626	238·048

Bar. 30·25 in. Ther. 59°·3. Run + 2·7.

ε Indi.   1881, October 12.

	α				β		
h m	r	r	R	h m	r	r	R
23 27·6	84·082	81·626	165·761	23 38·7	101·420	103·883	205·368
23 59·4	81·629	84·088	165·778	23 51·1	103·898	101·423	205·387
0 7·8	84·054	81·621	165·735	0 17·0	101·413	103·858	205·343
0 39·5	81·608	84·078	165·754	0 28·6	103·886	101·404	205·364

Bar. 30·25 in.   Ther. 57°·2.   Run + 3·6.   Images 1–2.   Steadiness 1–2.

ε Indi.   1881, October 13.

	β				α		
h m	r	r	R	h m	r	r	R
0 57·9	101·413	103·868	205·362	1 9·2	84·043	81·625	165·744
1 39·2	103·859	101·404	205·364	1 24·8	81·619	84·055	165·756
1 54·4	101·395	103·868	205·374	2 10·4	84·033	81·625	165·761
2 34·1	103·850	101·385	205·377	2 22·0	81·591	84·012	165·714

Bar. 30·12 in.   Ther. 64°·7.   Run + 4·5.

Lacaille 9352.   1881, October 16.

	β				α		
h m	r	r	R	h m	r	r	R
1 0·2	172·511	170·076	342·698	1 10·1	263·960	266·394	530·533
1 38·2	170·088	172·531	342·739	1 24·6	266·395	263·964	530·545
1 49·0	172·528	170·036	342·688	2 0·5	263·917	266·401	530·527
2 19·8	170·061	172·498	342·697	2 11·3	266·366	263·921	530·503

Bar. 30·09 in.   Ther. 59°·2.   Run + 3·3.

Sirius.   1881, October 16.

	α				β		
h m	r	r	R	h m	r	r	R
2 44·1	144·351	141·953	286·400	2 54·6	139·762	142·180	282·021
3 16·1	141·906	144·382	286·377	3 6·0	142·201	139·736	282·016
3 23·9	144·363	141·912	286·363	3 34·2	139·738	142·205	282·022
3 55·8	141·916	144·345	286·346	3 45·0	142·190	139·765	282·034

Bar. 30·07 in.   Ther. 59°·2.   Run + 3·2.

Sirius.   1881, October 19.

	β				α		
h m	r	r	R	h m	r	r	R
4 4·5	142·191	139·769	282·038	4 13·1	141·925	144·371	286·379
4 32·7	139·748	142·196	282·023	4 22·7	144·375	141·937	286·394
4 46·1	142·200	139·771	282·050	4 57·2	141·920	144·375	286·375
5 14·4	139·749	142·207	282·035	5 5·3	144·375	141·935	286·390

Bar. 30·21 in.   Ther. 60°·5.   Run + 2·3.   Images 1–2.   Steadiness 1–2.

α_2 Centauri. 1881, October 28.

	β				α		
h m	r	r	R	h m	r	r	R
21 13·0	120·078	117·589	237·982	21 22·2	147·548	149·987	298·000
21 44·0	117·526	120·010	237·978	21 31·4	149·984	147·503	298·003
21 53·7	119·994	117·513	237·994	22 3·9	147·461	149·837	298·046
22 24·7	117·405	119·914	238·014	22 13·4	149·813	147·357	298·008

Bar. 30·00 in.   Ther. 54°·3.   Run + 2·2.

ϵ Indi. 1881, October 28.

	α				β		
h m	r	r	R	h m	r	r	R
0 2·8	81·616	84·070	165·746	0 10·7	103·885	101·399	205·354
0 32·6	84·100	81·617	165·783	0 20·6	101·406	103·872	205·352
0 42·3	81·617	84·095	165·781	0 53·3	103·884	101·398	205·364
1 13·5	84·081	81·605	165·765	1 5·1	101·398	103·858	205·343

Bar. 29·98 in.   Ther. 49°·2.   Run + 4·2.   Images 1.   Steadiness 1.

Sirius. 1881, October 28.

	α				β		
h m	r	r	R	h m	r	r	R
4 55·1	144·397	141·905	286·383	5 6·7	139·725	142·220	282·025
5 33·7	141·920	144·380	286·381	5 20·0	142·206	139·743	282·029
5 43·9	144·378	141·890	286·349	5 54·4	139·733	142·211	282·025
6 21·0	141·914	144·379	286·376	6 8·1	142·216	139·749	282·047

Bar. 29·87 in.   Ther. 47°·3.   Run + 3·3.   Images 1–2.   Steadiness 2.

ϵ Indi. 1881, October 31.

	α				β		
h m	r	r	R	h m	r	r	R
23 55·8	81·607	84·075	165·741	0 6·3	103·890	101·415	205·374
0 23·8	84·092	81·615	165·771	0 13·7	101·379	103·876	205·327
0 32·7	81·599	84·070	165·736	0 42·7	103·875	101·395	205·350
1 7·5	84·078	81·612	165·769	0 52·5	101·380	103·860	205·323

Bar. 30·41 in.   Ther. 51°·7.   Run + 4·9.   Images 2–3.   Steadiness 2–3.

Lacaille 9352. 1881, October 31.

	α				β		
h m	r	r	R	h m	r	r	R
3 2·6	263·880	266·341	530·498	3 10·6	172·494	169·991	342·663
3 30·4	266·321	263·820	530·457	3 19·8	170·032	172·463	342·681

Bar. 30·37 in.   Ther. 50°·0.   Run + 4·9.   Images 3.   Steadiness 3.

Lacaille 9352.   1881, November 3.

	α				β		
h m	r	r	R	h m	r	r	R
1 33·7	263·906	266·407	530·504	1 42·1	172·495	170·044	342·660
2 1·6	266·397	263·904	530·510	1 52·3	170·026	172·525	342·678
2 11·4	263·878	266·443	530·537	2 21·4	172·529	170·046	342·713
2 37·6	266·420	263·893	530·553	2 30·3	170·018	172·490	342·652

Bar. 30·10 in.   Ther. 59°·5.   Run + 4·4.   Images 2.   Steadiness 2.

Sirius.   1881, November 3.

	β				α		
h m	r	r	R	h m	r	r	R
2 54·3	139·713	142·212	282·004	3 4·0	144·396	141·898	286·386
3 21·2	142·229	137·707	282·015	3 12·5	141·901	144·419	286·411
3 29·1	139·726	142·210	282·015	3 37·4	144·407	141·912	286·406
3 56·4	142·214	139·727	282·020	3 46·9	141·903	144·378	286·367

Bar. 30·10 in.   Ther. 59°·5.   Run + 2·7.

Lacaille 9352.   1881, November 5.

	β				α		
h m	r	r	R	h m	r	r	R
1 46·9	172·505	170·010	342·638	1 55·8	263·904	266·383	530·492
2 20·8	170·019	172·468	342·625	2 11·6	266·360	263·890	530·465
2 29·2	172·490	170·025	342·657	2 42·7	263·886	266·380	530·510
3 1·2	169·990	172·466	342·620	2 53·1	266·400	263·893	530·549

Bar. 30·02 in.   Ther. 60°·0.   Run + 4·8.

Sirius.   1881, November 5.

	α				β		
h m	r	r	R	h m	r	r	R
3 18·2	144·395	141·888	286·372	3 26·2	139·724	142·208	282·011
3 44·0	141·916	144·390	286·391	3 35·4	142·198	139·744	282·021
3 52·1	144·396	141·933	286·413	4 0·3	139·755	142·198	282·031
4 20·8	141·866	144·393	286·341	4 11·0	142·232	139·725	282·035

Bar. 30·02 in.   Ther. 58°·8.   Run + 2·6.

ε Indi.   1881, November 10.

	α				β		
h m	r	r	R	h m	r	r	R
23 34·3	84·115	81·620	165·789	23 43·7	101·415	103·895	205·375
0 4·6	81·623	84·086	165·768	23 55·1	103·866	101·399	205·332
0 11·7	84·102	81·621	165·785	0 22·4	101·405	103·875	205·352
0 46·5	81·635	84·074	165·779	0 34·2	103·892	101·398	205·366

Bar. 30·03 in.   Ther. 51°·3.   Run + 3·0.

Sirius. 1881, November 13.

	β				α		
h m	r	r	R	h m	r	r	R
2 41·2	142·215	139·725	282·021	2 49·3	141·907	144·373	286·379
3 10·4	139·755	142·212	282·048	3 0·6	144·385	141·900	286·382
3 24·4	142·219	139·740	282·040	3 36·1	141·909	144·391	286·389
3 56·0	139·738	142·220	282·039	3 46·3	144·375	141·904	286·367

Bar. 30·21 in.   Ther. 46°·0.   Run + 2·6.

ε Indi. 1881, November 14.

	β				α		
h m	r	r	R	h m	r	r	R
0 36·2	101·362	103·838	205·276	0 46·8	84·093	81·602	165·766
1 7·9	103·865	101·399	205·351	1 0·2	81·584	84·083	165·741
1 15·7	101·386	103·858	205·335	1 25·9	84·084	81·612	165·781
1 46·2	103·868	101·398	205·373	1 37·1	81·598	84·064	165·751

Bar. 30·07 in.   Ther. 54°·7.   Run + 3·7.

Sirius. 1881, November 18.

	α				β		
h m	r	r	R	h m	r	r	R
3 29·4	141·910	144·395	286·394	3 37·9	142·215	139·733	282·028
3 58·6	144·413	141·917	286·415	3 48·0	139·759	142·217	282·056
4 10·2	141·917	144·385	286·387	4 19·7	142·213	139·751	282·043
4 38·0	144·400	141·902	286·385	4 29·0	139·741	142·210	282·031

Bar. 30·28 in.   Ther. 51°·8.   Run + 1·9.

Lacaille 9352. 1881, November 19.

	α				β		
h m	r	r	R	h m	r	r	R
1 52·7	263·926	266·412	530·541	2 0·5	172·495	169·998	342·623
2 17·4	266·385	263·912	530·518	2 9·2	170·011	172·479	342·624
2 25·8	263·902	266·384	530·515	2 33·5	172·471	170·012	342·629
2 57·4	266·381	263·883	530·527	2 43·1	169·996	172·453	342·601

Bar. 30·02 in.   Ther. 56°·8.   Run + 3·4.

ε Indi. 1881, November 20.

	β				α		
h m	r	r	R	h m	r	r	R
0 20·7	103·874	101·375	205·321	0 34·7	81·593	84·078	165·737
0 56·6	101·375	103·865	205·321	0 46·2	84·098	81·591	165·758
1 9·4	103·847	101·357	205·291	1 18·9	81·598	84·066	165·744
1 42·7	101·364	103·850	205·318	1 28·9	84·058	81·619	165·762

Bar. 29·85 in.   Ther. 59°·0.   Run + 3·6.

Lacaille 9352. 1881, November 20.

	β				α		
h m	r	r	R	h m	r	r	R
3 21·9	172·502	169·965	342·650	3 33·3	263·850	266·340	530·499
3 52·6	169·967	172·475	342·658	3 42·0	266·354	263·854	530·533
4 1·2	172·457	169·943	342·628	4 9·7	263·783	266·331	530·508
				4 22·3	266·291	263·796	530·519

Bar. 29·85 in.   Ther. 55°·8.   Run + 4·2.

ε Indi. 1881, November 24.

	α				β		
h m	r	r	R	h m	r	r	R
0 52·0	84·069	81·617	165·758	1 2·4	101·402	103·863	205·349
1 24·6	81·596	84·073	165·754	1 15·0	103·863	101·382	205·335
1 36·0	84·076	81·601	165·766	1 46·1	101·366	103·859	205·332
2 9·1	81·624	84·077	165·805	1 58·6	103·837	101·372	205·323

Bar. 30·19 in.   Ther. 58°·4.   Run + 2·9.

Sirius. 1881, November 24.

	β				α		
h m	r	r	R	h m	r	r	R
2 23·3	142·230	139·717	282·026	2 32·2	141·900	144·379	286·378
2 51·3	139·726	142·209	282·013	2 41·9	144·376	141·907	286·381
3 4·0	142·236	139·743	282·057	3 14·4	141·907	144·386	286·383
3 34·8	139·724	142·228	282·030	3 24·7	144·391	141·908	286·386

Bar. 30·00 in.   Ther. 61°·7.   Run + 2·1.

Lacaille 9352. 1881, November 26.

	α				β		
h m	r	r	R	h m	r	r	R
1 23·1	266·441	263·939	530·565	1 35·6	169·987	172·496	342·602
1 55·1	263·923	266·409	530·536	1 45·9	172·510	170·024	342·657
2 5·1	266·409	263·925	530·544	2 13·9	170·005	172·492	342·632
				2 24·4	172·513	169·998	342·651

Bar. 29·85 in.   Ther. 56°·0.   Run + 5·4.

Sirius. 1881, November 28.

	α				β		
h m	r	r	R	h m	r	r	R
4 6·3	144·430	141·933	286·447	4 14·5	139·761	142·254	282·092
4 33·2	141·920	144·420	286·432	4 23·8	142·254	139·757	282·089
4 47·3	144·417	141·922	286·421	4 56·1	139·741	142·235	282·055
5 20·9	141·934	144·431	286·445	5 7·8	142·249	139·760	282·088

Bar. 30·10 in.   Ther. 55°·7.   Run + 1·6.

Lacaille 9352. 1881, November 29.

	β				α		
h m	r	r	R	h m	r	r	R
2 3.7	170.040	172.511	342.682	2 11.5	266.470	263.979	530.666
2 33.8	172.522	170.015	342.683	2 24.6	263.957	266.460	530.644
2 45.5	170.027	172.514	342.695	2 56.6	266.460	263.924	530.646
3 20.4	172.504	169.994	342.680	3 9.8	263.908	266.429	530.616

Bar. 29.98 in.   Ther. 55°.3.   Run + 4.1.   Images 2.   Steadiness 2.

ε Indi. 1881, December 1.

	α				β		
h m	r	r	R	h m	r	r	R
1 35.0	81.632	84.102	165.823	1 49.6	103.888	101.373	205.371
2 9.9	84.104	81.611	165.821	1 59.8	101.372	103.860	205.349
2 18.9	81.630	84.064	165.805	2 27.5	103.867	101.342	205.347
2 44.4	84.066	81.594	165.788	2 36.8	101.354	103.840	205.341

Bar. 30.25 in.   Ther. 53°.8.   Run + 4.3.

α₂ Centauri. 1881, December 1.

	α				β		
h m	r	r	R	h m	r	r	R
7 48.6	150.205	147.730	298.030	8 0.9	117.742	120.203	238.026
8 25.4	147.747	150.181	298.037	8 14.1	120.181	117.740	238.006

Lacaille 9352. 1881, December 8.

	β				α		
h m	r	r	R	h m	r	r	R
1 35.3	170.046	172.458	342.624	1 56.0	266.382	263.977	530.566
2 21.0	172.452	170.025	342.617	2 9.0	263.985	266.379	530.580
2 28.9	170.017	172.437	342.598	2 39.4	266.387	263.975	530.605
3 1.6	172.461	170.018	342.645	2 50.7	263.967	266.363	530.586

Bar. 30.16 in.   Ther. 56°.0.   Run + 3.1.

Sirius. 1881, December 8.

	β				α		
h m	r	r	R	h m	r	r	R
3 26.1	139.797	142.176	282.053	3 38.2	144.369	141.960	286.416
3 56.0	142.177	139.767	282.024	3 47.6	141.955	144.346	286.387
4 2.7	139.771	142.180	282.030	4 13.4	144.375	141.961	286.420
				4 22.4	141.957	144.336	286.376

Bar. 30.17 in.   Ther. 54°.0.   Run + 2.4.

Sirius. 1881, December 9.

α				β			
h m	r	r	R	h m	r	r	R
4 16.4	144.367	141.942	286.392	4 26.3	139.769	142.180	282.027
4 44.7	141.959	144.346	286.386	4 36.4	142.198	139.789	282.066
4 53.1	144.371	141.980	286.432	5 7.9	139.792	142.208	282.079
5 30.5	141.955	144.388	286.423	5 18.8	142.231	139.820	282.130

Bar. 30.09 in.   Ther. 60°.5.   Run + 1′.4.

Lacaille 9352. 1881, December 10.

α				β			
h m	r	r	R	h m	r	r	R
3 26.7	266.394	263.956	530.650	3 35.0	169.957	172.433	342.585
3 56.9	263.905	266.302	530.566	3 47.2	172.432	170.019	342.659
4 8.0	266.284	263.858	530.526	4 16.0	170.003	172.417	342.671
4 38.3	263.854	266.238	530.580	4 25.5	172.413	169.961	342.641

Bar. 30.04 in.   Ther. 61°.8.   Run + 4′.4.

α_2 Centauri. 1881, December 10.

β				α			
h m	r	r	R	h m	r	r	R
8 37.7	117.753	120.163	238.005	8 44.7	150.169	147.762	298.043
9 11.8	120.162	117.762	238.020	8 55.7	147.779	150.153	298.046
9 18.1	117.742	120.133	237.973	9 27.0	150.146	147.770	298.037

Bar. 30.02 in.   Ther. 60°.5.   Run + 2′.8.

Sirius. 1881, December 11.

α				β			
h m	r	r	R	h m	r	r	R
3 17.3	144.394	141.969	286.452	3 27.3	139.791	142.199	282.068
3 45.8	141.966	144.365	286.416	3 36.8	142.215	139.777	282.070
3 53.5	144.370	141.983	286.437	4 1.4	139.796	142.187	282.060
4 18.7	141.970	144.404	286.456	4 10.4	142.189	139.792	282.058

Bar. 30.13 in.   Ther. 62°.0.   Run + 3′.1.

Lacaille 9352. 1881, December 13.

β				α			
h m	r	r	R	h m	r	r	R
2 31.9	170.021	172.447	342.612	2 42.2	266.370	264.005	530.617
3 2.1	172.447	170.036	342.648	2 53.2	264.010	266.380	530.644
3 9.8	170.034	172.420	342.625	3 19.1	266.398	263.971	530.656
3 40.2	172.437	170.037	342.674	3 29.8	263.941	266.353	530.597

Bar. 30.00 in.   Ther. 62°.0.   Run + 5′.0.

Sirius.   1881, December 16.

β				α			
h m	r	r	R	h m	r	r	R
3 14.1	139.812	142.179	282.069	3 25.8	144.346	141.988	286.421
3 45.2	142.203	139.786	282.067	3 36.2	141.965	144.348	286.399
3 53.3	139.793	142.186	282.057	4 2.1	144.368	141.975	286.425
4 28.2	142.182	139.802	282.062	4 16.4	141.979	144.387	286.447

Bar. 29.89 in.   Ther. 59°.8.   Run + 2.7.

ε Indi.   1881, December 18.

β				α			
h m	r	r	R	h m	r	r	R
2 17.9	103.759	101.392	205.280	2 27.6	81.666	84.026	165.808
2 51.2	101.394	103.766	205.321	2 38.6	84.025	81.657	165.805

Bar. 30.23 in.   Ther. 59°.0.   Run + 5.3.

α_2 Centauri.   1881, December 18.

α				β			
h m	r	r	R	h m	r	r	R
8 28.4	150.172	147.742	298.023	8 38.0	117.743	120.166	237.999
9 0.5	147.762	150.170	298.049	8 48.8	120.154	117.762	238.008
9 9.6	150.176	147.750	298.045	9 20.1	117.744	120.169	238.011
9 39.9	147.747	150.171	298.041	9 30.3	120.170	117.739	238.009

Bar. 30.15 in.   Ther. 57°.6.   Run + 1.1.

Sirius.   1881, December 23.

α				β			
h m	r	r	R	h m	r	r	R
3 33.7	144.404	141.913	286.404	3 43.2	139.735	142.229	282.042
4 0.9	141.941	144.426	286.451	3 52.8	142.241	139.738	282.059

Bar. 30.14 in.   Ther. 64°.0.   Run + 2.0.   Images 2.   Steadiness 2.

ε Indi.   1881, December 24.

α				β			
h m	r	r	R	h m	r	r	R
2 30.7	84.092	81.607	165.815	2 40.5	101.364	103.821	205.331
3 5.9	81.603	84.058	165.802	2 54.9	103.824	101.301	205.286
3 14.5	84.036	81.639	165.823	3 26.6	101.300	103.715	205.215
3 46.4	81.573	84.050	165.802	3 36.1	103.753	101.277	205.246

Bar. 30.04 in.   Ther. 64°.5.   Run + 3.7.

ε Indi.   1881, December 25.

	β				α		
h m	r	r	R	h m	r	r	R
2 50.4	101.316	103.774	205.247	2 58.3	84.072	81.596	165.804
3 14.0	103.798	101.319	205.302	3 6.5	81.615	84.066	165.824
3 21.1	101.306	103.796	205.304	3 30.3	84.074	81.572	165.810
3 50.9	103.745	101.289	205.274	3 42.9	81.564	84.037	165.778

Bar. 30.12 in.   Ther. 59°.0.   Run + 3.9.

α₂ Centauri.   1881, December 25.

	β				α		
h m	r	r	R	h m	r	r	R
8 43.4	120.168	117.705	237.963	8 54.2	147.726	150.188	298.029
9 22.7	117.689	120.194	237.981	9 13.9	150.182	147.706	298.007
9 31.1	120.170	117.710	237.979	9 40.9	147.727	150.196	298.045
9 59.1	117.797	120.179	237.987	9 50.6	150.173	147.715	298.011

Bar. 30.06 in.   Ther. 59°.5.   Run + 1.5.

α₂ Centauri.   1881, December 26.

	α				β		
h m	r	r	R	h m	r	r	R
9 11.0	147.749	150.180	298.047	9 21.3	120.182	117.719	237.999
9 41.8	150.173	147.735	298.031	9 31.7	117.706	120.181	237.986
9 54.3	147.717	150.170	298.011	10 17.3	120.187	117.706	237.994
10 27.0	150.204	147.711	298.040	10 17.6	117.713	120.179	237.993

Bar. 30.00 in.   Ther. 57°.0.   Run + 0.4.

ε Indi.   1881, December 27.

	α				β		
h m	r	r	R	h m	r	r	R
2 53.7	84.069	81.619	165.820	3 2.3	101.325	103.760	205.255
3 25.3	81.602	84.013	165.774	3 12.9	103.768	101.298	205.249
3 37.4	84.052	81.570	165.792	3 49.6	101.274	103.730	205.243
4 8.8	81.530	84.021	165.758	3 58.6	103.758	101.314	205.327

Bar. 30.17 in.   Ther. 63°.7.   Run + 2.0.

Sirius.   1881, December 29.

	β				α		
h m	r	r	R	h m	r	r	R
3 43.8	142.214	139.774	282.064	3 52.0	141.933	144.360	286.377
4 18.3	139.761	142.199	282.037	4 6.3	144.364	141.942	286.388
4 28.6	142.221	139.770	282.069	4 38.1	141.917	144.402	286.399
5 4.9	139.794	142.205	282.077	4 51.0	144.375	141.951	286.406

Bar. 30.14 in.   Ther. 66°.3.   Run + 1.3.

o_2 Eridani.   1882, January 4.

	α				β		
h m	r	r	R	h m	r	r	R
5 46·3	244·802	242·379	487·316	6 3·3	251·314	253·744	505·198
6 29·4	242·374	244·780	487·288	6 19·4	253·774	251·332	505·245
6 39·4	244·817	242·377	487·328	6 53·8	251·310	253·752	505·201
7 16·0	242·371	244·779	487·285	7 5·5	253·758	251·354	505·251

Bar. 30·08 in.   Ther. 63°·3.   Run + 2·8.

Sirius.   1882, January 7.

	α				β		
h m	r	r	R	h m	r	r	R
3 28·5	141·944	144·363	286·394	3 36·9	142·190	139·787	282·058
3 56·1	144·377	141·956	286·417	3 45·7	139·773	142·190	282·042
4 3·0	141·943	144·365	286·391	4 13·1	142·209	139·751	282·038
4 34·5	144·373	141·945	286·399	4 23·1	139·780	142·205	282·063

Bar. 30·17 in.   Ther. 60°·8.   Run + 1·2.

o_2 Eridani.   1882, January 7.

	β				α		
h m	r	r	R	h m	r	r	R
6 52·4	251·324	253·739	505·204	7 5·0	244·802	242·358	487·295
7 29·8	253·752	251·211	505·106	7 17·5	242·377	244·785	487·298
7 39·1	251·204	253·853	505·201	7 52·9	244·892	242·290	487·324
8 19·4	253·867	251·192	505·211	8 7·8	242·260	244·906	487·311

Bar. 30·15 in.   Ther. 60°·0.   Run + 3·2.

a_2 Centauri.   1882, January 7.

	β				α		
h m	r	r	R	h m	r	r	R
8 38·5	120·280	117·621	237·990	8 46·4	147·628	150·265	298·006
9 2·8	117·624	120·241	237·960	8 55·0	150·264	147·637	298·016
9 9·5	120·249	117·638	237·983	9 18·6	147·635	150·257	298·012
9 36·2	117·625	120·254	237·978	9 27·7	150·293	147·631	298·045

Bar. 30·11 in.   Ther. 60°·0.   Run + 1·6.

ϵ Indi.   1882, January 8.

	β				α		
h m	r	r	R	h m	r	r	R
3 31·0	101·226	103·846	205·279	3 39·0	84·133	81·509	165·814
3 59·4	103·787	101·219	205·259	3 49·1	81·494	84·092	165·769
4 6·7	101·206	103·777	205·254	4 18·1	84·097	81·482	165·798
4 36·0	103·762	101·150	205·255	4 26·5	81·505	84·094	165·830

Bar. 29·96 in.   Ther. 61°·8.   Run + 3·1.

Sirius. 1882, January 10.

β				α			
h m	r	r	R	h m	r	r	R
3 22·6	142·272	139·705	282·056	3 31·0	141·854	144·415	286·356
3 45·4	139·704	142·253	282·036	3 38·6	144·431	141·871	286·388
3 52·2	142·256	139·707	282·042	4 3·1	141·881	144·427	286·392
4 20·2	139·696	142·252	282·026	4 12·3	144·439	141·862	286·384

Bar. 30·23 in.   Ther. 61°·0.   Run + 3·1.

e_2 Eridani. 1882, January 10.

α				β			
h m	r	r	R	h m	r	r	R
6 37·2	242·292	244·821	487·249	6 45·1	253·807	251·245	505·193
7 2·8	244·855	242·262	487·253	6 53·0	251·251	253·792	505·184
7 11·3	242·285	244·826	487·247	7 19·9	253·798	251·237	505·177
7 44·9	244·819	242·307	487·266	7 29·6	251·246	253·801	505·188

Bar. 30·22 in.   Ther. 60°·5.   Run + 2·9.

ι Indi. 1882, January 11.

α				β			
h m	r	r	R	h m	r	r	R
3 48·5	81·584	84·067	165·833	3 56·7	103·770	101·269	205·289
4 21·1	84·043	81·533	165·800	4 10·6	101·210	103·705	205·195
4 30·3	81·588	84·041	165·867	4 22·2	103·735	101·220	205·317
5 1·2	84·011	81·486	165·790	4 52·7	101·167	103·686	205·242

Bar. 30·13 in.   Ther. 63°·3.   Run + 3·1.

$α^2$ Centauri. 1882, January 11.

α				β			
h m	r	r	R	h m	r	r	R
9 54·4	150·188	147·680	297·990	10 4·0	117·684	120·176	237·960
10 20·6	147·670	150·199	297·992	10 13·1	120·194	117·666	237·960
10 28·7	150·219	147·676	298·018	10 37·2	117·660	120·177	237·938
10 56·7	147·669	150·185	297·976	10 48·4	120·187	117·689	237·976

Bar. 30·04 in.   Ther. 63°·0.   Run + 1·5.

β Centauri. 1882, January 11.

γ			
h m	r	r	R
11 9·5	38·186	35·678	73·897
11 19·3	35·688	38·189	73·908

Bar. 30·03 in.   Ther. 62°·5.   Run + 1·3.

a_2 Centauri. 1882, January 13.

	α				β		
h m	r	r	R	h m	r	r	R
10 9·7	234·665	232·170	467·144	10 23·7	210·889	213·384	424·536
10 48·7	232·224	234·687	467·153	10 36·2	213·407	210·890	424·543
10 57·5	234·714	232·225	467·172	11 9·5	210·910	213·389	424·508
11 32·6	232·197	234·691	467·088	11 22·0	213·416	210·927	424·541

Bar. 30·12 in.   Ther. 60°·5.   Run + 2·1.

a_2 Centauri. 1882, January 18.

	β				α		
h m	r	r	R	h m	r	r	R
10 16·1	117·691	120·159	237·951	10 26·7	150·201	147·706	298·031
10 45·3	120·161	117·700	237·963	10 36·8	147·702	150·193	298·019
10 53·1	117·717	120·168	237·986	11 2·7	150·184	147·716	298·023
11 20·8	120·188	117·709	237·997	11 13·6	147·703	150·182	298·008

Bar. 30·10 in.   Ther. 62°·0.   Run + 2·5.

β Centauri. 1882, January 18.

	γ		
h m	r	r	R
11 31·1	35·714	38·179	73·923
11 41·8	38·186	35·702	73·917

Sirius. 1882, January 19.

	a				β		
h m	r	r	R	h m	r	r	R
4 0·8	144·376	141·938	286·398	4 10·5	139·783	142·229	282·089
4 32·1	141·934	144·400	286·414	4 21·0	142·250	139·766	282·093
4 39·4	144·414	141·931	286·425	4 47·5	139·755	142·226	282·059
5 6·1	141·942	144·398	286·419	4 56·3	142·224	139·773	282·075

Bar. 30·17 in.   Ther. 63°·3.   Run + 2·1.

a Centauri. 1882, January 19.

	β				α		
h m	r	r	R	h m	r	r	R
10 26·1	210·948	213·378	424·583	10 40·3	234·639	232·257	467·197
11 8·1	213·383	210·994	424·587	10 56·4	232·274	234·671	467·178
11 17·7	210·974	213·402	424·576	11 29·8	234·712	232·264	467·178
11 58·7	213·431	210·990	424·589	11 42·5	232·311	234·693	467·195

Bar. 30·10 in.   Ther. 62°·0.

o_2 Eridani.   1882, January 23.

	β				α		
h m	r	r	R	h m	r	r	R
5 52·6	253·792	251·326	505·261	6 4·5	242·342	244·797	487·272
6 25·2	251·337	253·782	505·257	6 14·7	244·803	242·359	487·295
6 35·4	253·795	251·338	505·271	6 47·1	242·360	244·795	487·288
7 6·5	251·338	253·792	505·267	6 55·5	244·808	242·361	487·302

Bar. 29·97.   Ther. 64°·5.

---

o_2 Eridani.   1882, January 24.

	α				β		
h m	r	r	R	h m	r	r	R
6 10·9	242·356	244·821	487·310	6 21·8	253·789	251·328	505·255
6 55·7	244·825	242·352	487·310	6 39·3	251·379	253·778	505·295
7 6·5	242·367	244·806	487·307				

Bar. 30·00.   Ther. 60°·5.   Run + 3·6.

---

a_2 Centauri.   1882, January 28.

	α				β		
h m	r	r	R	h m	r	r	R
8 12·0	147·781	150·227	298·109	8 26·3	120·213	117·709	238·007
8 52·1	150·185	147·775	298·072	8 41·8	117·758	120·138	237·984
9 2·4	147·765	150·170	298·049	9 15·0	120·142	117·745	237·981
9 35·3	150·173	147·728	298·020	9 26·8	117·747	120·153	237·995

Bar. 29·91.   Ther. 69°·0.   Run + 2·0.

β Centauri.   1882, January 28.

γ

h m	r	r	R
9 47·5	35·730	38·140	73·911
9 57·8	38·145	35·746	73·931

Bar. 29·88.   Ther. 67°·0.   Run + 2·8.

---

o_2 Eridani.   1882, February 3.

	β				α		
h m	r	r	R	h m	r	r	R
6 7·8	253·775	251·335	505·248	6 20·9	242·358	244·791	487·282
6 49·7	251·342	253·809	505·289	6 31·3	244·814	242·378	487·325

Bar. 29·90.   Ther. 65°·3.   Run + 3·4.

o_2 Eridani.   1882, February 6.

α				β			
h m	r	r	R	h m	r	r	R
6 18·1	244·794	242·340	487·267	6 27·8	251·339	253·769	505·246
6 54·6	242·349	244·776	487·258	6 39·6	253·798	251·335	505·271
7 2·6	244·791	242·338	487·262	7 11·9	251·325	253·801	505·264
7 35·6	242·332	244·783	487·250	7 25·3	253·798	251·345	505·282

Bar. 30·08 in.   Ther. 68°·0.   Run + 4·3.

a_2 Centauri.   1882, February 8.

α				β			
h m	r	r	R	h m	r	r	R
10 30·8	232·248	234·693	467·201	10 41·7	213·381	210·976	424·594
11 5·4	234·692	232·262	467·176	10 53·4	210·968	213·409	424·601
11 14·5	232·282	234·678	467·174	11 27·7	213·419	210·989	424·599
11 50·4	234·703	232·316	467·204	11 39·2	210·987	213·410	424·579

Bar. 30·08 in.   Ther. 65°·0.   Run + 3·1.

a_2 Centauri.   1882, February 9.

β				α			
h m	r	r	R	h m	r	r	R
12 3·9	117·722	120·157	237·973	12 14·5	150·176	147·742	298·032
12 40·1	120·173	117·731	237·994	12 28·5	147·735	150·181	298·029
12 50·0	117·731	120·179	237·999	13 4·6	150·156	147·750	298·013
13 31·4	120·164	117·745	237·992	13 12·3	147·745	150·145	298·006

Bar. 30·01 in.   Ther. 68°·8.   Run + 1·6.

β Centauri.   1882, February 10.

*

h m	r	r	R
7 22·0	38·130	35·746	73·930
7 33·7	35·698	38·141	73·892

Bar. 29·96 in.   Ther. 68°·5.   Run + 0·9.

a_2 Centauri.   1882, February 10.

α				β			
h m	r	r	R	h m	r	r	R
8 33·5	150·144	147·744	297·996	8 46·1	117·709	120·112	237·911
9 8·3	147·764	150·163	298·044	8 59·4	120·137	117·736	237·966
9 14·8	150·193	147·744	298·055	9 23·1	117·750	120·176	238·023
9 43·9	147·747	150·165	298·034	9 33·9	120·156	117·726	237·980

Bar. 29·95 in.   Ther. 63°·0.   Run + 0·8.

β Centauri.   1882, February 13.

h m	r	r	R
7 59·9	38·160	35·716	73·927
8 12·0	35·735	38·132	73·916

Bar. 30·01 in.   Ther. 70°·5.   Run + 6·1.

---

a_2 Centauri.   1882, February 13.

	β				a		
h m	r	r	R	h m	r	r	R
8 24·9	120·154	117·737	237·975	8 34·0	147·749	150·164	298·020
8 53·1	117·722	120·168	237·980	8 44·4	150·175	147·736	298·021
9 3·0	120·163	117·726	237·982	9 11·0	147·741	150·156	298·012
9 31·4	117·727	120·153	237·977	9 20·8	150·170	147·742	298·030

Bar. 30·00 in.   Ther. 69°·5.   Run + 2·1.

---

a_2 Centauri.   1882, February 13.

	β				a		
h m	r	r	R	h m	r	r	R
10 5·5	213·363	210·937	424·579	10 20·7	232·231	234·619	467·118
10 47·0	210·981	213·396	424·604	10 33·4	234·679	232·254	467·186
10 59·7	213·415	210·977	424·606	11 14·6	232·293	234·679	467·183
11 42·8	211·025	213·420	424·621	11 27·2	234·658	232·255	467·113

Bar. 29·97 in.   Ther. 70°·5.   Run + 0·7.

---

e_2 Eridani.   1882, February 14.

	β				a		
h m	r	r	R	h m	r	r	R
5 59·4	251·344	253·761	505·244	6 9·6	244·791	242·366	487·290
6 32·1	253·763	251·344	505·245	6 20·5	242·352	244·760	487·245
6 39·1	251·338	253·776	505·252	6 47·2	244·791	242·351	487·275
7 9·5	253·784	251·351	505·273	6 57·8	242·353	244·762	487·248

Bar. 29·98 in.   Ther. 67°·0.   Run + 3·6.

---

a_2 Centauri.   1882, February 15.

	a				β		
h m	r	r	R	h m	r	r	R
8 5·3	232·113	234·491	466·994	8 30·3	213·258	210·873	424·598
8 56·0	234·603	232·222	467·232	8 44·2	210·876	213·289	424·599
9 6·5	232·196	234·618	467·202	9 17·6	213·322	210·919	424·605
9 48·2	234·661	232·225	467·203	9 35·5	210·897	213·318	424·546

Bar. 30·02 in.   Ther. 64°·3.   Run + 1·4.

Sirius.   1882, February 16.

β				α			
h m	r	r	R	h m	r	r	R
8 31·2	139·783	142·227	282·112	8 40·0	144·363	141·940	286·415
9 0·9	142·211	139·744	282·099	8 49·8	141·917	144·355	286·388
9 9·7	139·790	142·205	282·113	9 21·9	144·361	141·911	286·412
9 50·0	142·212	139·788	282·146	9 34·6	141·899	144·347	286·396

Bar. 30·23 in.   Ther. 61°·5.   Run + 3·0.

α_2 Centauri.   1882, February 16.

β				α			
h m	r	r	R	h m	r	r	R
10 13·3	213·362	210·944	424·583	10 27·3	232·246	234·660	467·177
10 43·1	210·985	213·397	424·620	10 34·3	234·676	232·251	467·186
10 49·9	213·414	210·966	424·611	11 1·9	232·262	234·665	467·146
11 21·4	210·991	213·396	424·587	11 12·8	234·690	232·262	467·170

Bar. 30·22 in.   Ther. 60°·0.   Run + 1·9.

β Centauri.   1882, February 22.

*

h m	r	r	R
8 23·2	38·142	35·720	73·911
8 33·9	35·732	38·128	73·908

Bar. 30·04 in.   Ther. 54°·5.   Run + 1·6.

α_2 Centauri.   1882, February 22.

α				β			
h m	r	r	R	h m	r	r	R
8 45·4	150·147	147·739	298·000	8 55·1	117·731	120·166	237·991
9 25·9	147·740	150·189	298·052	9 8·1	120·153	117·725	237·975
9 37·2	150·194	147·731	298·049	9 46·1	117·718	120·159	237·979
10 19·2	147·723	150·162	298·011	10 6·7	120·170	117·748	238·021

Bar. 30·07 in.   Ther. 52°·0.   Run + 2·4.

α_2 Centauri.   1882, February 22.

β				α			
h m	r	r	R	h m	r	r	R
11 6·0	213·417	210·985	424·618	11 15·5	232·267	234·659	467·144
11 41·0	210·990	213·904	424·580	11 31·9	234·688	232·262	467·154
11 48·3	213·437	210·998	424·614	12 1·3	232·274	234·681	467·136
12 28·9	210·994	213·424	424·571	12 13·6	234·699	232·297	467·170

Bar. 30·05 in.   Ther. 51°·5.

a_2 Centauri. 1882, February 23.

	β				a		
h m	r	r	R	h m	r	r	R
8 36·8	120·163	117·731	237·982	8 51·3	147·741	150·162	298·015
9 25·0	117·729	120·128	237·954	9 6·8	150·171	147·754	298·041
9 39·6	120·148	117·738	237·984	9 55·9	147·721	150·159	298·002
10 22·9	117·712	120·140	237·953	10 8·0	150·162	147·711	297·995

Bar. 30·04 in.   Ther. 65°·0.   Run + 0·9.

β Centauri. 1882, February 23.

h m	r	r	R
10 37·9	38·147	35·731	73·914
10 46·1	35·730	38·143	73·908

Bar. 30·00 in.   Ther. 66°·0.   Run + 3·8.

Sirius. 1882, February 24.

	a				β		
h m	r	r	R	h m	r	r	R
9 0·1	144·356	141·923	286·402	9 8·7	139·780	142·203	282·101
9 32·1	141·919	144·348	286·416	9 21·1	142·193	139·765	282·082
9 40·6	144·352	141·905	286·413	9 49·6	139·758	142·192	282·096
10 11·6	141·887	144·318	286·400	10 0·1	142·198	139·756	282·110

Bar. 30·20 in.   Ther. 58°·5.   Run + 4·0.

Sirius. 1882, February 27.

	a				β		
h m	r	r	R	h m	r	r	R
9 0·7	141·908	144·367	286·396	9 13·2	142·206	139·765	282·089
9 36·5	144·313	141·915	286·376	9 24·6	139·745	142·217	282·086

Bar. 30·02 in.   Ther. 64°·3.   Run + 3·5.

a_2 Centauri. 1882, March 2.

	a_1				β_1		
h m	r	r	R	h m	r	r	R
10 54·7	234·669	232·289	467·120	11 23·4	210·970	213·441	424·605
12 0·6	232·242	234·710	467·129	11 51·2	213·439	210·993	424·604
12 9·0	234·715	232·241	467·127	12 20·4	210·987	213·422	424·562
13 2·9	232·263	234·707	467·114	12 32·9	213·453	210·988	424·588

Bar. 29·91 in.   Ther. 64°·0.   Run + 3·2.

α_2 Centauri.   1882, March 4.

β^1 | | | | α^1 | | |
---|---|---|---|---|---|---|---
h m | r | r | R | h m | r | r | R
10 54·6 | 210·968 | 213·386 | 424·574 | 11 4·8 | 234·659 | 232·221 | 467·105
11 30·3 | 213·424 | 210·981 | 424·596 | 11 18·4 | 232·235 | 234·671 | 467·119
11 39·0 | 211·003 | 213·408 | 424·595 | 11 48·2 | 234·673 | 232·254 | 467·116
12 13·0 | 213·433 | 210·983 | 424·576 | 11 58·9 | 232·259 | 234·676 | 467·116

Bar. 30·10 in.   Ther. 59·3°.   Run + 3·7.   Images 2.   Steadiness 2.

α_2 Centauri.   1882, March 4.

α | | | | β | | |
---|---|---|---|---|---|---|---
h m | r | r | R | h m | r | r | R
12 34·9 | 147·711 | 150·171 | 297·998 | 12 44·8 | 120·180 | 117·724 | 237·996
13 4·6 | 150·146 | 147·736 | 297·992 | 12 54·4 | 117·735 | 120·166 | 237·992
13 13·5 | 147·717 | 150·178 | 298·005 | 13 21·9 | 120·167 | 117·725 | 237·980
13 45·5 | 150·170 | 147·727 | 298·001 | 13 34·1 | 117·736 | 120·170 | 237·992

Bar. 30·08 in.   Ther. 55·0°.   Run + 1·8.   Images 1–2.   Steadiness 2–3.

β Centauri.   1882, March 5.

h m	r	r	R
8 13·4	38·139	35·726	73·915
8 22·0	35·717	38·155	73·921

Bar. 30·14 in.   Ther. 65·0°.   Run + 2·2.   Images 2.   Steadiness 2.

α_2 Centauri.   1882, March 5.

β | | | | α | | |
---|---|---|---|---|---|---|---
h m | r | r | R | h m | r | r | R
8 31·6 | 120·172 | 117·715 | 237·974 | 8 41·1 | 147·725 | 150·164 | 298·000
9 1·0 | 117·734 | 120·151 | 237·979 | 8 51·5 | 150·162 | 147·725 | 298·000
9 9·5 | 120·152 | 117·716 | 237·963 | 9 19·2 | 147·722 | 150·173 | 298·014
9 42·7 | 117·716 | 120·153 | 237·968 | 9 32·1 | 150·183 | 147·710 | 298·013

Bar. (30·14) in.   Ther. (65·0°).   Run + 2·4.   Images 2.   Steadiness 2.

Sirius.   1882, March 5.

β | | | | α | | |
---|---|---|---|---|---|---|---
h m | r | r | R | h m | r | r | R
 9 58·4 | 139·744 | 142·212 | 282·108 | 10 6·5 | 144·341 | 141·883 | 286·407
10 23·7 | 142·177 | 139·723 | 282·083 | 10 15·3 | 141·873 | 144·336 | 286·406
10 31·4 | 139·712 | 142·160 | 282·068 | 10 40·9 | 144·300 | 141·861 | 286·418
10 57·2 | 142·143 | 139·697 | 282·095 | 10 48·5 | 141·851 | 144·284 | 286·412

Bar. 30·14 in.   Ther. 65·0°.   Run + 3·6.   Images 2–3.   Steadiness 2–3.

α_2 Centauri. 1882, March 6.

	α				β		
h m	r	r	R	h m	r	r	R
10 49.6	150.171	147.715	298.011	10 57.1	117.733	120.153	237.988
11 16.5	147.721	150.149	297.994	11 7.1	120.141	117.716	237.959
11 26.0	150.170	147.714	298.006	11 35.1	117.722	120.164	237.986
12 1.7	147.745	150.165	298.029	11 50.0	120.170	117.745	238.013

Ther. 56°.0.   Run + 1.4.   Images 1–2.   Steadiness 2–3.

β Centauri. 1882, March 6.

h m	r	r	R
12 14.3	38.151	35.722	73.900
12 27.9	35.707	38.160	73.894

Bar. 30.15 in.   Ther. 55°.0.   Run + 2.5.   Images 1–2.   Steadiness 1–2.

β Centauri. 1882, March 9.

h m	r	r	R
8 32.5	38.152	35.696	73.896
8 45.2	35.704	38.147	73.899

Bar. 30.21 in.   Ther. 61°.0.   Run + 0.3.   Images 2.   Steadiness 2.

α_2 Centauri. 1882, March 9.

	β				α		
h m	r	r	R	h m	r	r	R
9 1.1	120.172	118.211		9 8.7	147.700	150.166	297.984
9 32.0	117.701	120.150	237.950	9 19.3	150.159	147.724	298.003
9 49.0	120.178	117.729	238.008	9 59.2	147.718	150.158	297.999
10 19.3	117.687	120.151	237.940	10 9.8	150.159	147.703	297.985

Bar. 30.20 in.   Ther. 62°.0.   Run + 1.4.   Images 2–3.   Steadiness 2.

ϵ Indi. 1882, March 9.

	α				β		
h m	r	r	R	h m	r	r	R
14 42.1	83.992	81.566	165.851	14 58.0	101.208	103.682	205.151
15 23.3	81.570	84.058	165.850	15 10.6	103.706	101.209	205.159
15 35.0	84.057	81.578	165.840	15 48.2	101.232	103.721	205.159
16 17.7	81.624	84.097	165.880	16 3.5	103.731	101.266	205.189

Bar. 30.15 in.   Ther. 61°.5.   Run + 3.3.   Images 3–4.   Steadiness 3–4.

Sirius.   1882, March 10.

α				β			
h m	r	r	R	h m	r	r	R
8 47·2	141·919	144·351	286·384	8 59·1	142·226	139·752	282·089
9 21·3	144·342	141·923	286·400	9 9·5	139·739	142·203	282·057
9 29·7	141·920	144·354	286·416	9 39·8	142·214	139·735	282·084
10 0·6	144·315	141·954	286·446	9 49·2	139·746	142·211	282·099

Bar. 30·06 in.   Ther. 67°·0.   Run + 2·3.   Images 3.   Steadiness 3.

α₂ Centauri.   1882, March 10.

α				β			
h m	r	r	R	h m	r	r	R
11 20·6	147·723	150·153	297·997	11 28·9	120·179	117·724	238·001
11 46·1	150·163	147·714	297·994	11 37·8	117·731	120·176	238·005
11 56·7	147·729	150·165	298·010	12 7·4	120·174	117·722	237·990
12 27·8	150·163	147·717	297·993	12 19·5	117·736	120·176	238·004

Bar. 30·02 in.   Ther. 65°·5.   Run + 1·6.   Images 2.   Steadiness 2–3.

β Centauri.   1882, March 11.

h m	r	r	R
8 49·9	35·713	38·147	73·907
9 2·6	38·158	35·699	73·902

Bar. 29·97 in.   Ther. 63°·0.   Run + 1·3.   Images 2–3.   Steadiness 3.

α₂ Centauri.   1882, March 11.

β				α			
h m	r	r	R	h m	r	r	R
9 17·1	120·154	117·726	237·977	9 28·4	147·719	150·150	297·991
9 55·2	117·703	120·136	237·941	9 41·8	150·176	147·724	298·023
10 10·9	120·152	117·703	237·957	10 27·7	147·718	150·198	298·041

Bar. 30·03 in.   Ther. 56°·0.   Run + 1·8.   Images 2.   Steadiness 4.

ε Indi.   1882, March 12.

β				α			
h m	r	r	R	h m	r	r	R
15 3·8	101·220	103·641	205·111	15 17·3	84·036	81·592	165·859
15 40·2	103·701	101·241	205·155	15 27·1	81·621	84·020	165·857
15 51·6	101·235	103·738	205·175	16 0·5	84·090	81·652	165·914
16 16·0	103·724	101·291	205·195	16 8·3	81·639	84·091	165·898

Bar. 30·16 in.   Ther. 63°·75.   Run + 4·0.   Images 3.   Steadiness 3.

ε Indi.   1882, March 13.

α				β			
h m	r	r	n	h m	r	r	n
14 54·4	81·618	84·006	165·893	15 6·4	103·672	101·258	205·178
15 32·8	84·067	81·603	165·879	15 19·8	101·241	103·684	205·160
15 40·3	81·637	84·039	165·875	15 50·3	103·694	101·273	205·172
16 10·4	84·076	81·644	165·887	16 0·3	101·242	103·710	205·148

Bar. 30·10 in. Ther. 59·0°. Run + 2·8. Images 2. Steadiness 2–3.

β Centauri.   1882, March 14.

h m	r	r	n
8 17·9	35·691	38·161	73·902
8 27·8	38·167	35·693	73·909

Bar. 30·14 in. Ther. 62·0°. Run + 0·4. Images 2. Steadiness 2–3.

α₂ Centauri.   1882, March 14.

α				β			
h m	r	r	n	h m	r	r	n
8 39·6	147·691	150·184	297·986	8 52·5	120·208	117·707	238·007
9 13·0	150·178	147·703	297·999	9 3·3	117·703	120·178	237·975
9 23·4	147·712	150·183	298·014	9 32·3	120·176	117·708	237·982
9 51·0	150·196	147·687	298·006	9 42·1	117·686	120·194	237·979

Bar. (30·14) in. Ther. (63·5)°. Run + 0·1. Images 2. Steadiness 2–3.

β Centauri.   1882, March 14.

h m	r	r	n
10 2·5	38·175	35·704	73·918
10 11·7	35·695	38·166	73·899

Bar. 30·13 in. Ther. 65·0°. Run + 1·5. Images 1. Steadiness 1–2.

Sirius.   1882, March 15.

β				α			
h m	r	r	n	h m	r	r	n
9 49·7	142·189	139·739	282·072	9 59·9	141·893	144·333	286·400
10 23·3	139·727	142·172	282·082	10 11·1	144·308	141·878	286·378
10 35·7	142·160	139·708	282·074	10 46·2	141·850	144·288	286·409
11 8·7	139·688	142·109	282·090	10 58·2	144·350	141·844	286·407

Bar. 30·10 in. Ther. 64·0°. Run + 1·0. Images 1–2. Steadiness 2–3.

α_2 Centauri. 1882, March 15.

	β				α		
h m	r	r	R	h m	r	r	R
11 34·8	117·739	120·160	237·997	11 43·3	150·131	147·722	297·972
12 2·1	120·163	117·716	237·974	11 55·3	147·714	150·164	297·995
12 10·5	117·717	120·164	237·975	12 20·1	150·154	147·718	297·987
12 38·8	120·164	117·735	237·990	12 29·4	147·702	150·149	297·965

Bar. 30·07 in.   Ther. 61°·5.   Run + 1·1.   Images 1–2.   Steadiness 2–3.

α_2 Centauri. 1882, March 17.

	α				β		
h m	r	r	R	h m	r	r	R
16 8·5	150·149	147·735	297·968	16 18·6	117·757	120·174	237·997
16 39·8	147·737	150·175	297·995	16 30·6	120·176	117·756	237·998
16 46·5	150·163	147·731	297·977	16 54·7	117·745	120·180	237·992
17 11·5	147·757	150·148	297·989	17 2·6	120·154	117·766	237·987

Bar. 30·17 in.   Ther. 59°·3.   Run + 0·6.   Images 1–2.   Steadiness 2.

Sirius. 1882, March 18.

	α				β		
h m	r	r	R	h m	r	r	R
8 57·5	141·917	144·345	286·382	9 8·5	142·175	139·757	282·048
9 30·5	144·313	141·913	286·371	9 19·8	139·750	142·196	282·067
9 38·6	141·927	144·336	286·414	9 50·3	142·171	139·748	282·064
10 17·8	144·311	141·909	286·425	9 59·4	139·749	142·169	282·071

Bar. 30·11 in.   Ther. 64°·3.   Run + 1·3.   Images 3.   Steadiness 3.

Sirius. 1882, March 20.

	α				β		
h m	r	r	R	h m	r	r	R
8 28·9	141·927	144·339	286·372	8 38·4	142·194	139·796	282·094
8 56·8	144·369	141·917	286·405	8 47·8	139·786	142·194	282·088
9 6·6	141·932	144·343	286·401	9 17·0	142·192	139·783	282·095
9 40·1	144·330	141·905	286·388	9 28·5	139·776	142·169	282·073

Bar. 30·15 in.   Ther. 63°·8.   Run + 0·2.   Images 2.   Steadiness 2.

ε Indi. 1882, March 20.

	β				α		
h m	r	r	R	h m	r	r	R
15 41·7	103·665	101·292	205·169	15 55·7	81·658	84·056	165·895
16 18·2	101·292	103·679	205·150	16 7·0	84·045	81·660	165·875
16 30·4	103·704	101·304	205·179	16 40·7	81·667	84·059	165·863
17 0·3	101·323	103·720	205·191	16 50·0	84·065	81·683	165·877

Bar. 30·14 in.   Ther. 62°·3.   Run + 2·3.   Images 2.   Steadiness 2–3.

α_2 Centauri.   1882, March 21.

	α				β		
h m	r	r	E	h m	r	r	E
8 23·7	150·157	147·730	297·993	8 39·6	117·725	120·146	237·960
9 4·8	147·743	150·145	298·004	8 53·0	120·146	117·741	237·979
9 12·7	150·151	147·727	297·997	9 23·1	117·741	120·083	237·921
9 50·4	147·728	150·139	297·991	9 41·2	120·171	117·734	238·005

Bar. 30·22 in.   Ther. 64°·3.   Run + 0·6.   Images 3.   Steadiness 3–4.

α_2 Centauri.   1882, March 23.

	β				α		
h m	r	r	E	h m	r	r	E
8 29·7	117·733	120·138	237·957	8 41·1	150·114	147·747	297·971
9 1·3	120·134	117·732	237·959	8 52·8	147·731	150·146	297·990
9 10·2	117·730	120·141	237·965	9 22·5	150·147	147·731	297·996
9 51·5	120·134	117·759	237·992	9 37·5	147·744	150·139	298·003

Bar. 30·03 in.   Ther. 67°·5.   Run + 0·5.   Images 2–3.   Steadiness 3.

β Centauri.   1882, March 23.

h m	r	r	E
10 3·5	35·730	38·132	73·901
10 12·8	38·130	35·728	73·896

Bar. 30·00 in.   Ther. 64°·0.   Run + 1·3.   Images 2.   Steadiness 2.

ι Indi.   1882, March 23.

	α				β		
h m	r	r	E	h m	r	r	E
15 55·5	84·021	81·673	165·873	16 8·8	101·301	103·673	205·161
16 33·5	81·671	84·059	165·875	16 23·1	103·678	101·330	205·183
16 42·4	84·071	81·695	165·904	16 52·7	101·314	103·714	205·181
17 15·7	81·703	84·080	165·898	17 3·6	103·687	101·288	205·122

Bar. 29·89 in.   Ther. 57°·3.   Run + 2·0.   Images 2–3.   Steadiness 2–3.

Sirius.   1882, March 24.

	α				β		
h m	r	r	E	h m	r	r	E
8 27·9	144·326	141·957	286·388	8 38·3	139·794	142·193	282·090
8 58·4	141·940	144·338	286·397	8 48·9	142·190	139·795	282·091
9 13·1	144·352	141·931	286·413	9 23·7	139·793	142·189	282·106
9 50·3	141·918	144·319	286·399	9 32·2	142·188	139·783	282·100

Bar. 29·86 in.   Ther. 64°·0.   Run + 2·7.   Images 2.   Steadiness 2.

ε Indi. 1882, March 30.

β				α			
h m	r	r	R	h m	r	r	R
16 31·0	101·348	103·636	205·156	16 40·5	84·019	81·722	165·882
16 57·2	103·651	101·342	205·146	16 48·8	81·728	84·029	165·881
17 5·5	101·349	103·646	205·140	17 17·1	84·018	81·737	165·870

Bar. 30·07 in. Ther. 54°·8. Run + 2·9. Images 1–2. Steadiness 1–2.

α₂ Centauri. 1882, March 31.

α				β			
h m	r	r	R	h m	r	r	R
8 20·2	147·769	150·109	297·982	8 27·6	120·114	117·802	238·002
8 49·6	150·077	147·784	297·974	8 39·3	117·812	120·090	237·990
8 56·5	147·776	150·085	297·975	9 5·2	120·106	117·802	238·002
9 25·1	150·102	147·771	297·993	9 14·8	117·786	120·095	237·977

Bar. 30·07 in. Ther. 65°·0. Run + 0·4. Images 1–2. Steadiness 2.

β Centauri. 1882, March 31.

h m	r	r	R
9 39·3	35·793	38·082	73·916
9 48·6	38·076	35·780	73·897

Bar. 30·06 in. Ther. 64°·0. Run + 1·7. Images 1–2. Steadiness 1–2.

ε Indi. 1882, March 31.

α				β			
h m	r	r	R	h m	r	r	R
16 35·5	84·006	81·752	165·901	16 44·8	101·341	103·649	205·148
16 59·8	81·748	84·027	165·898	16 52·3	103·652	101·362	205·167
17 7·5	84·046	81·758	165·923	17 19·5	101·372	103·655	205·163
17 36·9	81·752	84·039	165·893	17 28·3	103·676	101·372	205·180

Bar. 30·02 in. Ther. 63°·1. Run + 3·1. Images 1–2. Steadiness 2.

Sirius. 1882, April 1.

β				α			
h m	r	r	R	h m	r	r	R
9 14·0	139·835	142·137	282·091	9 25·1	144·307	141·993	286·441
9 43·2	142·127	139·827	282·094	9 34·2	141·973	144·273	286·397
9 51·1	139·807	142·143	282·096	10 0·2	144·296	141·973	286·444
10 28·1	142·117	139·806	282·113	10 11·8	141·946	144·281	286·419

Bar. 30·06 in. Ther. 63°·3. Run + 2·9. Images 2. Steadiness 2–3.

β Centauri.   1882, April 2.

h m	r	r	R
9 25.8	38.070	35.769	73.882
9 35.6	35.781	38.077	73.900

Bar. 30.11 in.   Ther. 63°.0.   Run + 2.0.

---

a_2 Centauri.   1882, April 2.

	β				α		
h m	r	r	R	h m	r	r	R
9 56.3	117.809	120.111	238.021	10 6.1	150.083	147.783	297.989
10 29.7	120.129	117.796	238.027	10 15.2	147.774	150.084	297.982
10 39.9	117.802	120.109	238.013	10 49.6	150.084	147.777	297.984
11 10.7	120.109	117.811	238.021	10 58.0	147.780	150.102	298.005

Bar. 30.13 in.   Ther. 62°.0.   Run + 3.2.   Images 2–3.   Steadiness 3.

Sirius.   1882, April 3.

	α				β		
h m	r	r	R	h m	r	r	R
9 17.6	144.261	141.961	286.357	9 28.2	139.863	142.118	282.108
9 52.5	141.945	144.262	286.373	9 42.0	142.145	139.839	282.123

Bar. 30.18 in.   Ther. 62°.0.   Run + 3.5.   Images 3–4.   Steadiness 3–4.

Sirius.   1882, April 5.

	α				β		
h m	r	r	R	h m	r	r	R
9 10.2	144.289	141.984	286.402	9 20.8	139.840	142.125	282.099
9 37.7	141.991	144.290	286.434	9 30.8	142.143	139.835	282.109
9 44.8	144.287	141.972	286.420	9 52.8	139.853	142.149	282.152
10 13.4	141.957	144.250	286.405	10 4.8	142.128	139.830	282.121

Bar. 30.00 in.   Ther. 56°.8.   Run + 3.8.   Images 2–3.   Steadiness 2–3.

Sirius.   1882, April 7.

	β				α		
h m	r	r	R	h m	r	r	R
8 58.3	139.840	142.164	282.116	9 9.9	144.296	141.975	286.399
9 43.4	142.150	139.813	282.103	9 22.5	141.981	144.269	286.388
9 50.6	139.823	142.140	282.109	10 1.2	144.268	141.961	286.408
10 25.2	142.098	139.798	282.084	10 13.5	141.938	144.272	286.406

Bar. 30.20 in.   Ther. 63°.5.   Run + 2.6.   Images 3.   Steadiness 3.

ε Indi. — 1882, April 7.

	β				α		
h m	r	r	R	h m	r	r	R
16 20·9	101·341	103·602	205·120	16 31·7	84·004	81·734	165·884
16 53·7	103·632	101·361	205·141	16 42·0	81·747	84·022	165·907
17 3·0	101·364	103·636	205·146	17 11·8	84·034	81·737	165·886
17 27·2	103·632	101·372	205·137	17 19·4	81·758	84·056	165·926

Bar. 30·12 in.   Ther. 62°·0.   Run + 2·5.   Images 2–3.   Steadiness 3.

α_2 Centauri. — 1882, April 7.

	α				β		
h m	r	r	R	h m	r	r	R
17 41·9	147·830	150·089	298·008	17 53·0	120·122	117·840	238·034
18 11·9	150·096	147·783	297·977	18 2·8	117·827	120·143	238·044
18 23·8	147·786	150·071	297·960	18 33·3	120·136	117·813	238·034
18 49·6	150·065	147·796	297·979	18 41·3	117·812	120·086	237·986

Bar. (30·11) in.   Ther. (62°·0).   Run + 2·0.   Images 2.   Steadiness 2–3.

β Centauri. — 1882, April 7.
*

h m	r	r	R
18 59·9	35·803	38·080	73·939
19 7·2	38·076	35·806	73·940

Bar. (30·10) in.   Ther. 62°·0.   Run + 2·0.   Images 2.   Steadiness 2.

α_2 Centauri. — 1882, April 8.

	β				α		
h m	r	r	R	h m	r	r	R
9 40·3	120·131	117·795	238·026	9 49·0	147·774	150·093	297·990
10 8·0	117·808	120·115	238·024	9 59·3	150·113	147·777	298·013
10 15·9	120·108	117·812	238·021	10 25·8	147·782	150·071	297·977
10 47·6	117·801	120·097	238·000	10 37·0	150·080	147·756	297·960

Bar. 30·03 in.   Ther. 60°·5.   Run + 1·9.   Images 1–2.   Steadiness 2.

β Centauri. — 1882, April 8.
*

h m	r	r	R
11 0·4	38·092	35·783	73·908
11 9·8	35·807	38·085	73·924

Bar. 30·03 in.   Ther. 56°·5.   Run + 2·5.   Images 1–2.   Steadiness 1–2.

ε Indi. 1882, April 9.

	α				β		
h m	r	r	R	h m	r	r	R
16 41·8	81·736	84·038	165·912	16 51·2	103·659	101·333	205·147
17 8·2	84·034	81·739	165·892	16 59·6	101·344	103·661	205·153
17 18·2	81·736	84·038	165·886	17 28·4	103·662	101·345	205·138
17 55·5	84·049	81·749	165·891	17 44·2	101·332	103·649	205·104

in
Bar. 30·07.   Ther. 61°·5.   Run + 2·4.   Images 1–2.   Steadiness 1–2.

α₂ Centauri. 1882, April 9.

	α				β		
h m	r	r	R	h m	r	r	R
18 9·7	150·092	147·782	297·970	18 17·3	117·836	120·125	238·039
18 35·6	147·775	150·080	297·964	18 27·0	120·134	117·807	238·024
18 41·1	150·090	147·782	297·984	18 49·5	117·831	120·123	238·043
19 3·1	147·766	150·083	297·977	18 56·3	120·128	117·826	238·050

in
Bar. 30·07.   Ther. 61°·5.   Run + 1·4.   Images 2.   Steadiness 2–3.

Sirius. 1882, April 10.

	α				β		
h m	r	r	R	h m	r	r	R
9 11·5	141·971	144·287	286·388	9 23·0	142·137	139·820	282·082
9 42·1	144·271	141·948	286·378	9 32·8	139·827	142·138	282·097
9 50·9	141·951	144·264	286·382	9 58·6	142·122	139·796	282·072
10 18·2	144·249	141·925	286·381	10 7·8	139·803	142·119	282·085

in
Bar. 30·13.   Ther. 58°·5.   Run + 1·7.   Images 1–2.   Steadiness 2–3.

α₂ Centauri. 1882, April 11.

	β				α		
h m	r	r	R	h m	r	r	R
9 9·5	117·819	120·094	238·008	9 18·1	150·080	147·769	297·969
9 37·1	120·110	117·796	238·005	9 28·6	147·759	150·068	297·948
9 44·7	117·802	120·102	238·004	9 53·5	150·071	147·764	297·958
10 12·2	120·106	117·790	237·997	10 4·0	147·772	150·074	297·969

in
Bar. 30·10.   Ther. 61°·5.   Run + 0·9.   Images 1.   Steadiness 2.

β Centauri. 1882, April 11.

h m	r	r	R
10 22·7	35·787	38·083	73·907
10 34·8	38·095	35·778	73·909

in
Bar. 30·09.   Ther. 58°·3.   Run + 3·2.   Images 1.   Steadiness 2.

ε Indi.   1882, April 12.

α				β			
h m	r	r	R	h m	r	r	R
17 28·5	84·050	81·747	165·904	17 38·1	101·362	103·640	205·130
18 1·8	81·767	84·058	165·915	17 52·2	103·670	101·335	205·119
18 9·6	84·049	81·756	165·892	18 20·3	101·352	103·658	205·116
18 37·8	81·764	84·054	165·893	18 29·3	103·654	101·366	205·122

Bar. 30·09 in.   Ther. 59°·5.   Run + 2·5.   Images 2.   Steadiness 2–3.

ε Indi.   1882, April 13.

β				α			
h m	r	r	R	h m	r	r	R
16 38·1	103·636	101·329	205·131	16 47·7	81·739	84·019	165·893
17 4·7	101·327	103·640	205·113	16 56·3	84·038	81·744	165·910
17 13·6	103·652	101·322	205·114	17 21·2	81·727	84·045	165·884
17 39·1	101·323	103·666	205·116	17 29·6	84·055	81·758	165·920

Bar. 30·20 in.   Ther. 58°·9.   Run + 3·2.   Images 1–2.   Steadiness 2.

α₂ Centauri.   1882, April 13.

β				α			
h m	r	r	R	h m	r	r	R
18 10·6	120·136	117·819	238·032	18 17·9	147·775	150·073	297·950
18 38·0	117·813	120·136	238·037	18 27·8	150·074	147·770	297·950
18 45·1	120·124	117·824	238·039	18 51·2	147·767	150·090	297·977
19 8·1	117·811	120·126	238·041	18 59·8	150·085	147·761	297·972

Bar. 30·22 in.   Ther. 59°·0.   Run + 1·7.   Images 1–2.   Steadiness 2.

Sirius.   1882, April 18.

β				α			
h m	r	r	R	h m	r	r	R
9 8·4	142·127	139·823	282·067	9 18·8	142·002	144·272	286·409
9 41·1	139·829	142·121	282·088	9 28·5	144·276	141·952	286·372
9 49·3	142·128	139·791	282·064	9 58·4	141·951	144·266	286·391
10 20·5	139·794	142·125	282·101	10 9·8	144·254	141·939	286·382

Bar. 30·16 in.   Ther. 61°·0.   Run + 3·1.   Images 2.   Steadiness 2–3.

	ε Indi.					1882, April 18.		
	β					α		
h m	r	r	R	h m	r	r	R
16 11·2	103·612	101·311	205·109	16 22·2	81·720	84·016	165·891
16 42·6	101·319	103·623	205·103	16 32·7	84·037	81·736	165·918
16 52·4	103·642	101·327	205·124	17 2·4	81·756	84·027	165·906
17 21·3	101·344	103·647	205·127	17 11·9	84·050	81·740	165·907

Bar. 30·10 in.   Ther. 60·8°.   Run + 3·0.   Images 2–3.   Steadiness 2–3.

	Sirius.					1882, April 19.		
	α					β		
h m	r	r	R	h m	r	r	R
10 4·5	144·259	141·942	286·382	10 12·3	139·823	142·120	282·112
10 32·1	141·925	144·238	286·400	10 21·7	142·106	139·815	282·102

Bar. 30·03 in.   Ther. 60·3°.   Run + 2·3.   Images 3.   Steadiness 3.

	Sirius.					1882, April 22.		
	α					β		
h m	r	r	R	h m	r	r	R
9 6·0	141·983	144·279	286·390	9 15·9	142·118	139·835	282·074
9 38·6	144·285	141·982	286·420	9 29·2	139·825	142·135	282·090
9 49·6	141·955	144·297	286·417	10 0·5	142·124	139·798	282·079
10 25·8	144·231	141·931	286·382	10 15·3	139·797	142·093	282·065

Bar. 30·19 in.   Ther. 57·0°.   Run + 2·3.   Images 3.   Steadiness 3.

	Sirius.					1882, April 25.		
	β					α		
h m	r	r	R	h m	r	r	R
8 35·8	142·138	139·840	282·081	8 43·7	141·982	144·276	286·372
9 6·9	139·826	142·116	282·058	8 56·2	144·281	141·972	286·373
9 17·8	142·151	139·820	282·093	9 28·0	141·974	144·268	286·386
9 48·5	139·834	142·121	282·100	9 38·4	144·270	141·961	286·383

Bar. 30·17 in.   Ther. 61·3°.   Run + 1·4.   Images 1–2.   Steadiness 2–3.

	$α_2$ Centauri.					1882, April 25.		
	α					β		
h m	r	r	R	h m	r	r	R
11 16·1	150·072	147·762	297·957	11 25·3	117·824	120·126	238·050
11 43·4	147·778	150·065	297·964	11 33·8	120·109	117·827	238·035
11 52·4	150·056	147·780	297·966	12 0·1	117·822	120·120	238·038
12 16·6	147·765	150·072	297·953	12 9·1	120·122	117·821	238·038

Bar. 30·15 in.   Ther. 58·5°.   Run + 2·1.   Images 1–2.   Steadiness 2.

β Centauri.   1882, April 25.

h m	r	r	E
12 27·1	38·082	35·790	73·899
12 37·6	35·804	38·082	73·912

Bar. 30·14 in.   Ther. 58°·0.   Run + 1·5.

Sirius.   1882, April 26.

α

h m	r	r	E
9 49·1	144·248	141·953	286·364
10 22·1	141·937	144·249	286·370

β

h m	r	r	E
10 0·7	139·814	142·097	282·067
10 9·4	142·106	139·794	282·066

Bar. 30·08 in.   Ther. 62°·0.   Run + 2·1.   Images 1–2.   Steadiness 1–2.

Sirius.   1882, April 28.

β

h m	r	r	E
8 33·5	139·832	142·145	282·080
9 2·0	142·141	139·823	282·078
9 9·5	139·839	142·118	282·074
9 51·1	142·113	139·804	282·064

α

h m	r	r	E
8 43·1	144·277	141·966	286·356
8 51·8	141·976	144·265	286·359
9 20·0	144·280	141·960	286·377
9 38·1	141·983	144·245	286·380

Bar. 30·10 in.   Ther. 60°·0.   Run + 1·9.   Images 1–2.   Steadiness 1–2.

β Centauri.   1882, April 28.

h m	r	r	E
11 15·2	35·800	38·080	73·912
11 23·9	38·080	35·791	73·902

Bar. 30·13 in.   Ther. 59°·0.   Run + 3·1.   Images 1.   Steadiness 1.

α₂ Centauri.   1882, April 28.

β

h m	r	r	E
11 37·6	117·819	120·116	238·033
12 14·4	120·132	117·803	238·030

α

h m	r	r	E
11 47·5	150·056	147·758	297·934
12 0·2	147·775	150·072	297·966

Bar. 30·14 in.   Ther. 57°·5.   Run + 1·4.   Images 1–2.   Steadiness 1–2.

Sirius. 1882, May 2.

	α				β		
h m	r	r	R	h m	r	r	R
9 13.5	144.265	141.963	286.361	9 28.5	139.800	142.120	282.049
9 48.6	141.948	144.247	286.359	9 38.1	142.112	139.825	282.074
9 57.5	144.259	141.943	286.377	10 8.5	139.810	142.111	282.086
10 30.6	141.909	144.224	286.365	10 19.2	142.114	139.774	282.068

Bar. 30.15 in.   Ther. 56°.7.   Run + 3.4.   Images 2–3.   Steadiness 2–3.

Lacaille 9352. 1882, May 2.

	α				β		
h m	r	r	R	h m	r	r	R
18 39.0	264.024	266.340	530.738	18 49.9	172.181	169.874	342.290
19 14.1	266.367	264.053	530.708	19 0.8	169.863	172.201	342.279
19 23.2	264.037	266.388	530.694	19 32.9	172.215	169.917	342.304
19 55.7	266.405	264.100	530.728	19 45.1	169.886	172.235	342.282

Bar. 30.15 in.   Ther. 50°.3.   Run + 6.6.   Images 1–2.   Steadiness 1–2.

Sirius. 1882, May 3.

	β				α		
h m	r	r	R	h m	r	r	R
9 18.1	139.842	142.108	282.074	9 28.2	144.271	141.962	286.379
9 44.4	142.122	139.812	282.076	9 37.0	141.968	144.254	286.375
9 57.2	139.782	142.124	282.060	10 18.5	144.252	141.926	286.387
10 40.1	142.072	139.777	282.068	10 30.5	141.937	144.221	286.390

Bar. 30.28 in.   Ther. 56°.5.   Run + 2.4.   Images 2–3.   Steadiness 2–3.

Sirius. 1882, May 5.

	α				β		
h m	r	r	R	h m	r	r	R
9 22.3	141.952	144.246	286.336	9 35.8	142.121	139.812	282.067
10 0.5	144.281	141.926	286.384	9 47.7	139.809	142.104	282.058

Bar. 30.20 in.   Ther. 61°.5.   Run + 2.6.   Images 3.   Steadiness 3.

Lacaille 9352. 1882, May 5.

	β				α		
h m	r	r	R	h m	r	r	R
19 39.0	169.936	172.230	342.327	19 47.8	266.373	264.064	530.664
20 5.7	172.225	169.928	342.293	19 57.5	264.075	266.377	530.668

Bar. 30.07 in.   Ther. 60°.8.   Run + 4.0.   Images 2.   Steadiness 2.

ε Indi.   1882, May 6.

	α				β		
h m	r	r	R	h m	r	r	R
18 46.8	81.783	84.074	165.930	18 58.3	103.645	101.352	205.088
19 15.8	84.058	81.781	165.903	19 6.7	101.340	103.678	205.107
19 22.9	81.790	84.063	165.915	19 32.1	103.639	101.351	205.069
20 1.0	84.074	81.789	165.919	19 46.4	101.354	103.632	205.051

Bar. 30.07 in.   Ther. 51°.3.   Run + 2.6.   Images 2.   Steadiness 2.

Lacaille 9352.   1882, May 7.

	α				β		
h m	r	r	R	h m	r	r	R
18 18.5	263.982	266.311	530.742	18 29.8	172.182	169.852	342.314
18 48.8	266.344	264.027	530.714	18 39.3	169.873	172.167	342.297
18 58.5	264.061	266.356	530.737	19 9.0	172.206	169.913	342.322
19 31.6	266.385	264.071	530.712	19 21.1	169.902	172.202	342.290

Bar. 30.24 in.   Ther. 52°.0.   Run + 3.7.   Images 1–2.   Steadiness 2–3.

α₃ Centauri.   1882, May 7.

	α				β		
h m	r	r	R	h m	r	r	R
19 52.4	147.725	150.026	297.943	20 2.1	120.105	117.811	238.078
20 21.7	149.982	147.715	297.948	20 12.3	117.783	120.097	238.057
20 31.7	147.708	149.985	297.971	20 41.4	120.076	117.763	238.073
21 0.9	149.952	147.635	297.964	20 50.4	117.770	120.036	238.062

Bar. 30.27 in.   Ther. 48°.0.   Run + 2.5.   Images 2.   Steadiness 2–3.

Sirius.   1882, May 8.

	β				α		
h m	r	r	R	h m	r	r	R
9 57.8	142.115	139.795	282.064	10 5.6	141.949	144.249	286.381
10 27.5	139.771	142.101	282.064	10 16.2	144.220	141.924	286.345

Bar. 30.32 in.   Ther. 60°.0.   Run + 2.6.   Images 2.   Steadiness 2–3.

α₂ Centauri.   1882, May 9.

	α				β		
h m	r	r	R	h m	r	r	R
9 25.0	147.785	150.058	297.966	9 35.7	120.100	117.823	238.025
9 54.9	150.044	147.767	297.936	9 45.8	117.839	120.110	238.052
10 2.0	147.766	150.059	297.950	10 10.8	120.102	117.832	238.037
10 27.4	150.046	147.755	297.927	10 20.2	117.824	120.117	238.045

Bar. 30.29 in.   Ther. 55°.0.   Run + 3.0.   Images 2.   Steadiness 2–3.

β Centauri.   1882, May 9.

h	m	r	r	R
10	41·6	35·801	38·078	73·915
10	49·9	38·080	35·811	73·926

Bar. 30·29 in.   Ther. 56·0°.   Run + 4·5.   Images 1.   Steadiness 1.

Lacaille 9352.   1882, May 9.

β					α			
h	m	r	r	R	h	m	r	r	R
18	18·2	172·124	169·843	342·278	18	28·5	264·007	266·316	530·727
18	51·5	169·878	172·194	342·301	18	41·0	266·358	264·050	530·772
19	0·3	172·185	169·905	342·304	19	10·5	264·063	266·372	530·726
19	30·8	169·901	172·212	342·285	19	21·3	266·382	264·074	530·726

Bar. 30·21 in.   Ther. 56·3°.   Run + 4·5.   Images 1-2.   Steadiness 1-2.

$α_2$ Centauri.   1882, May 9.

β					α			
h	m	r	r	R	h	m	r	r	R
19	50·4	120·115	117·829	238·088	19	58·3	147·737	150·016	297·953
20	18·7	117·773	120·078	238·034	20	8·3	150·017	147·714	297·950
20	25·3	120·081	117·797	238·074	20	34·3	147·699	149·999	297·978
20	56·6	117·766	120·022	238·055	20	43·6	149·994	147·696	297·999

Bar. 30·20 in.   Ther. 57·3°.   Run + 2·6.   Images 2.   Steadiness 2-3.

Sirius.   1882, May 18.

α					β			
h	m	r	r	R	h	m	r	r	R
9	39·9	141·983	144·253	286·394	9	50·9	142·132	139·823	282·105
10	6·2	144·232	141·956	286·377	9	59·6	139·807	142·092	282·060
10	11·5	141·949	144·241	286·389	10	19·5	142·091	139·796	282·072
10	38·6	144·192	141·926	286·375	10	30·8	139·786	142·099	282·087

Bar. 30·31 in.   Ther. 52·8°.   Run + 3·0.   Images 2-3.   Steadiness 2-3.

$α_2$ Centauri.   1882, May 18.

β					α			
h	m	r	r	R	h	m	r	r	R
19	0·6	120·136	117·818	238·056	19	11·3	147·740	150·039	297·920
19	32·8	117·843	120·135	238·107	19	21·9	150·040	147·721	297·913
19	42·0	120·126	117·799	238·063	19	51·4	147·696	150·030	297·919
20	17·2	117·804	120·117	238·108	20	6·1	150·019	147·699	297·938

Bar. 30·20 in.   Ther. 46·5°.   Run + 2·2.   Images 2.   Steadiness 3.

Lacaille 9352. — 1882, May 18.

	β				α		
h m	r	r	R	h m	r	r	R
20 37·4	172·249	169·927	342·302	20 50·3	264·136	266·422	530·739
21 13·8	169·914	172·240	342·266	21 1·9	266·464	264·123	530·763

Bar. 30·17 in.   Ther. 42°·5.   Run + 5·9.   Images 2.   Steadiness 2.

Sirius. — 1882, May 19.

	β				α		
h m	r	r	R	h m	r	r	R
9 29·8	142·131	139·825	282·085	9 37·6	141·959	144·281	286·393
9 51·8	139·796	142·126	282·069	9 44·8	144·259	141·959	286·377
9 58·8	142·124	139·805	282·085	10 11·7	141·922	144·240	286·359
10 29·6	139·784	142·106	282·088	10 20·2	144·289	141·917	286·415

Bar. 30·04 in.   Ther. 56°·3.   Run + 3·4.   Images 2–3.   Steadiness 2–3.

α_2 Centauri. — 1882, May 19.

	β				α		
h m	r	r	R	h m	r	r	R
11 27·1	120·167	117·839	238·106	11 34·7	147·748	150·062	297·931
11 54·9	117·820	120·155	238·072	11 44·6	150·063	147·740	297·923
12 0·3	120·140	117·822	238·058	12 7·9	147·743	150·075	297·935
12 25·0	117·847	120·167	238·108	12 15·8	150·078	147·741	297·936

Bar. 30·04 in.   Ther. 56°·8.   Run + 1·0.   Images 2.   Steadiness 2–3.

Lacaille 9352. — 1882, May 19.

	α				β		
h m	r	r	R	h m	r	r	R
18 23·7	266·332	263·982	530·742	18 33·2	169·820	172·171	342·263
18 54·4	264·027	266·365	530·723	18 43·2	172·201	169·859	342·309
19 5·5	266·375	264·043	530·722	19 15·1	169·873	172·225	342·292
19 35·3	264·069	266·386	530·706	19 23·0	172·229	169·875	342·288

Bar. 29·99 in.   Ther. 47°·0.   Run + 4·8.   Images 2.   Steadiness 2–3.

Sirius. — 1882, May 21.

	α				β		
h m	r	r	R	h m	r	r	R
9 42·7	144·262	141·945	286·367	9 51·4	139·783	142·098	282·031
10 11·8	141·920	144·249	286·368	10 3·0	142·132	139·788	282·083
10 17·8	144·223	141·933	286·366	10 26·9	139·742	142·073	282·009
10 47·8	141·883	144·205	286·373	10 37·0	142·079	139·756	282·048

Bar. 30·47 in.   Ther. 54°·7.   Run + 2·1.   Images 2.   Steadiness 2–3.

α_2 Centauri.   1882, May 22.

	α				β		
h m	r	r	R	h m	r	r	R
9 41·6	147·751	150·059	297·934	9 51·4	120·140	117·819	238·062
10 15·5	150·062	147·732	297·921	10 6·6	117·814	120·147	238·064
10 24·2	147·739	150·075	297·941	10 34·1	120·157	117·838	238·099
10 53·7	150·047	147·731	297·903	10 44·7	117·815	120·156	238·075

Bar. 30·30 in.   Ther. 53·5°.   Run + 1·9.   Images 1–2.   Steadiness 2–3.

Sirius.   1882, May 23.

	β				α		
h m	r	r	R	h m	r	r	R
9 45·3	142·128	139·785	282·057	9 53·2	141·930	144·292	286·394
10 15·2	139·799	142·086	282·062	10 5·0	144·283	141·955	286·423

Bar. 30·40 in.   Ther. 55·5°.   Run + 3·2.   Images 2.   Steadiness 2–3.

ϵ Indi.   1882, May 23.

	α				β		
h m	r	r	R	h m	r	r	R
16 41·8	84·039	81·726	165·906	16 50·7	101·285	103·638	205·081
17 10·6	81·746	84·063	165·929	17 1·8	103·626	101·300	205·077
17 20·6	84·064	81·758	165·936	17 30·1	101·317	103·636	205·086
17 49·9	81·763	84·077	165·938	17 39·4	103·642	101·294	205·065

Bar. 30·42 in.   Ther. 56·0°.   Run + 4·1.   Images 1–2.   Steadiness 2.

Lacaille 9352.   1882, May 23.

	β				α		
h m	r	r	R	h m	r	r	R
18 7·1	169·764	172·152	342·269	18 22·5	266·334	263·981	530·748
18 39·0	172·145	169·834	342·236	18 31·1	263·996	266·338	530·733

Bar. 30·42 in.   Ther. 55·5°.   Run + 3·8.   Images 2.   Steadiness 2.

ϵ Indi.   1882, May 24.

	β				α		
h m	r	r	R	h m	r	r	R
16 30·3	101·213	103·687	205·073	16 40·3	84·093	81·662	165·898
17 1·8	103·702	101·237	205·090	16 49·0	81·670	84·129	165·935
17 9·9	101·236	103·689	205·070	17 20·7	84·107	81·689	165·910
17 44·0	103·729	101·249	205·105	17 31·0	81·686	84·125	165·918

Bar. 30·45 in.   Ther. 56·3°.   Run + 3·1.   Images 2.   Steadiness 2.

a_2 Centauri. 1882, May 26.

	β				α		
h m	r	r	R	h m	r	r	R
9 58·1	120·227	117·737	238·066	10 7·8	147·630	150·140	297·895
10 24·6	117·732	120·221	238·056	10 16·5	150·128	147·662	297·916
10 32·1	120·208	117·744	238·055	10 41·5	147·636	150·156	297·918
10 58·6	117·728	120·220	238·050	10 50·1	150·137	147·636	297·898

Bar. 30·36 in.   Ther. 59°·0.   Run + 1·5.   Images 2.   Steadiness 2–3.

β Centauri. 1882, May 26.

h m	r	r	R
11 7·1	38·172	35·701	73·906
11 16·5	35·699	38·163	73·894

Bar. 30·38 in.   Ther. 59°·0.   Run + 4·6.   Images 2.   Steadiness 2.

β Centauri. 1882, May 26.

h m	r	r	R
16 48·2	38·177	35·724	73·926
16 56·5	35·711	38·177	73·915

Bar. 30·37 in.   Ther. 60°·0.   Run + 1·7.   Images 2.   Steadiness 2–3.

---

a_2 Centauri. 1882, May 26.

	β				α		
h m	r	r	R	h m	r	r	R
17 10·9	120·253	117·769	238·090	17 19·4	147·655	150·150	297·891
17 40·2	117·781	120·257	238·109	17 28·8	150·140	147·674	297·901
17 50·8	120·261	117·783	238·117	18 0·0	147·666	150·145	297·905
18 19·2	117·758	120·275	238·113	18 9·3	150·140	147·626	297·864

Bar. (30·37) in.   Ther. 60°·0.   Run + 1·9.   Images 2–3.   Steadiness 2–3.

Lacaille 9352. 1882, May 26.

	α				β		
h m	r	r	R	h m	r	r	R
18 40·9	266·420	263·956	530·739	18 52·3	169·754	172·284	342·265
19 11·3	263·970	266·479	530·738	19 1·7	172·262	169·788	342·261
19 18·4	266·472	263·984	530·729	19 31·3	169·778	172·271	342·221
19 51·8	263·981	266·482	530·687	19 42·8	172·294	169·793	342·248

Bar. 30·34 in.   Ther. 60°·0.   Run + 5·1.

Sirius. 1882, May 27.

	α				β		
h m	r	r	R	h m	r	r	R
9 50·3	144·326	141·838	286·330	10 1·2	139·699	142·196	282·052
10 38·9	141·792	144·293	286·338	10 19·2	142·184	139·668	282·031

Bar. 30·25 in. Ther. 60°·4. Run + 2·3. Images 3. Steadiness 3.

α₂ Centauri. 1882, May 28.

	α				β		
h m	r	r	R	h m	r	r	R
9 40·7	150·130	147·636	297·890	9 48·6	117·739	120·220	238·062
10 12·8	147·645	150·139	297·909	9 59·6	120·214	117·740	238·057
10 26·4	150·127	147·652	297·905	10 41·6	117·744	120·245	238·093
11 3·8	147·661	150·133	297·919	10 55·0	120·226	117·756	238·085

Bar. 30·02 in. Ther. 51°·5. Run + 1·1. Images 2–3. Steadiness 3.

α₂ Centauri. 1882, May 29.

	β				α		
h m	r	r	R	h m	r	r	R
9 53·1	117·753	120·221	238·076	10 2·0	150·127	147·654	297·906
10 21·3	120·203	117·758	238·064	10 12·0	147·663	150·128	297·916

Bar. 30·05 in. Ther. 54°·0. Run + 2·3. Images 2. Steadiness 2–3.

α₂ Centauri. 1882, June 13.

	β				α		
h m	r	r	R	h m	r	r	R
11 13·8	117·847	120·266	238·213	11 25·6	150·162	147·728	298·010
11 45·2	120·286	117·852	238·234	11 34·6	147·725	150·183	298·027
12 3·9	117·860	120·292	238·247	12 17·5	150·181	147·744	298·040
12 53·8	120·300	117·873	238·263	12 36·3	147·744	150·190	298·047

Bar. 30·12 in. Ther. 63°·8. Run + 2·3. Images 2. Steadiness 2.

α₂ Centauri. 1882, June 13.

	β				α		
h m	r	r	R	h m	r	r	R
18 27·4	117·837	120·283	238·203	18 37·7	150·191	147·746	298·048
18 55·5	120·283	117·830	238·209	18 46·9	147·737	150·172	298·026
19 4·2	117·846	120·299	238·246	19 16·3	150·152	147·707	298·001
19 42·8	120·255	117·833	238·223	19 27·0	147·704	150·143	298·001

Bar. 30·16 in. Ther. 59°·0. Run + 1·4. Images 2–3. Steadiness 2.

α_2 Centauri.   1882, June 19.

	β				α		
h m	r	r	R	h m	r	r	R
18 51·3	117·848	120·314	238·257	19 0·9	150·170	147·708	298·007
19 19·7	120·293	117·855	238·261	19 10·4	147·736	150·181	298·054
19 27·1	117·851	120·308	238·280	19 34·2	150·159	147·697	298·020
19 53·9	120·288	117·808	238·243	19 42·6	147·676	150·154	298·004

Bar. 30·31 in.   Ther. 57°·8.   Run + 1·8.   Images 1–2.   Steadiness 1–2.

ϵ Indi.   1882, June 20.

	α				β		
h m	r	r	R	h m	r	r	R
17 20·8	81·730	84·169	166·014	17 30·6	103·713	101·252	205·100
18 3·3	84·168	81·760	166·021	17 46·3	101·286	103·732	205·144

Bar. 30·20 in.   Ther. 47°·0.   Run + 3·6.   Images 1–2.   Steadiness 1–2.

α_2 Centauri.   1882, June 21.

	β				α		
h m	r	r	R	h m	r	r	R
18 7·3	117·874	120·307	238·257	18 15·1	150·152	147·728	297·980
18 37·2	120·323	117·842	238·253	18 27·9	147·720	150·172	297·998
18 45·0	117·851	120·310	238·252	18 55·3	150·151	147·712	297·986
19 22·5	120·273	117·839	238·228	19 8·8	147·691	150·149	297·975

Bar. 30·06 in.   Ther. 56°·3.   Run + 1·8.

ϵ Indi.   1882, June 24.

	α				β		
h m	r	r	R	h m	r	r	R
17 46·9	81·750	84·184	166·033	17 57·5	103·721	101·270	205·111
18 34·0	84·177	81·754	166·009	18 19·4	101·287	103·709	205·105
18 45·3	81·743	84·199	166·017	18 58·1	103·735	101·290	205·116
19 16·6	84·203	81·775	166·042	19 8·4	101·278	103·753	205·119

Bar. 30·52 in.   Ther. 55°·0.   Run + 2·2.   Images 2–3.   Steadiness 2–3.

α_2 Centauri.   1882, June 24.

	α				β		
h m	r	r	R	h m	r	r	R
19 33·9	147·708	150·137	298·011	19 42·5	120·265	117·844	238·247
20 4·7	150·119	147·655	297·988	19 53·7	117·810	120·258	238·218
20 13·5	147·660	150·092	297·986	20 24·9	120·244	117·818	238·261
20 49·3	150·040	147·627	297·999	20 36·0	117·783	120·217	238·222

Bar. 30·50 in.   Ther. 53°·0.   Run + 1·8.   Images 2–3.   Steadiness 2–3.

α_2 Centauri. 1882, June 29.

	β				α		
h m	r	r	R	h m	r	r	R
18 37·9	117·856	120·297	238·243	18 50·6	150·131	147·677	297·931
19 16·4	120·281	117·847	238·241	19 0·8	147·690	150·137	297·957
19 31·7	117·832	120·275	238·234	19 44·0	150·140	147·688	298·008
20 5·6	120·258	117·796	238·221	19 55·8	147·655	150·118	297·972

Bar. 30·17 in.   Ther. 46°·0.   Run + 2·3.   Images 1–2.   Steadiness 2.

α_2 Centauri. 1882, June 30.

	α				β		
h m	r	r	R	h m	r	r	R
18 32·7	147·658	150·096	297·867	18 44·2	120·265	117·807	238·166
19 8·5	150·089	147·647	297·875	18 58·0	117·820	120·255	238·177
19 21·0	147·648	150·082	297·882	19 35·1	120·256	117·797	238·185
19 58·3	150·062	147·607	297·875	19 47·1	117·806	120·243	238·193

Bar. 30·30 in.   Ther. 43°·5.   Run + 2·5.   Images 1.   Steadiness 2–3.

ε Indi. 1882, July 1.

	β				α		
h m	r	r	R	h m	r	r	R
17 30·6	101·249	103·671	205·055	17 50·3	84·170	81·728	165·995
18 15·8	103·696	101·252	205·060	18 3·9	81·738	84·145	165·975
18 25·4	101·253	103·687	205·048	18 35·5	84·154	81·732	165·965
18 56·2	103·702	101·267	205·062	18 45·5	81·743	84·159	165·978

Bar. 30·15 in.   Ther. 45°·0.   Run + 3·5.   Images 1–2.   Steadiness 1–2.

α_2 Centauri. 1882, July 1.

	β				α		
h m	r	r	R	h m	r	r	R
20 2·1	117·766	120·233	238·161	20 9·9	150·035	147·611	297·871
20 37·9	120·207	117·759	238·192	20 22·8	147·612	150·006	297·873
20 48·4	117·755	120·175	238·179	20 59·1	149·983	147·550	297·902
21 19·9	120·126	117·680	238·152	21 9·5	147·514	149·965	297·890

Bar. 30·10 in.   Ther. 46°·5.   Run + 2·4.

ε Indi. 1882, July 9.

	α				β		
h m	r	r	R	h m	r	r	R
18 10·2	81·720	84·145	165·956	18 17·6	103·686	101·266	205·064
18 39·3	84·166	81·725	165·969	18 28·4	101·262	103·701	205·070
18 47·6	81·739	84·173	165·987	18 56·8	103·694	101·262	205·050
19 16·8	84·162	81·735	165·961	19 6·6	101·266	103·700	205·057

Bar. 30·47 in.   Ther. 47°·5.   Run + 2·7.   Images 1–2.   Steadiness 1–2.

o_2 Eridani.   1882, July 9.

	α				β		
h m	r	r	R	h m	r	r	R
0 23·9	242·114	244·578	487·154	0 36·3	253·680	251·233	505·379
1 1·5	244·601	242·196	487·127	0 49·5	251·240	253·682	505·333
1 10·7	242·174	244·607	487·090	1 20·7	253·724	251·288	505·333
1 41·9	244·661	242·213	487·130	1 32·5	251·289	253·746	505·333

Bar. 30·39 in.   Ther. 40°·5.   Run + 3·9.   Images 1–2.   Steadiness 2–3.

ϵ Indi.   1882, July 10.

	β				α		
h m	r	r	R	h m	r	r	R
18 0·0	103·680	101·256	205·056	18 9·9	81·712	84·169	165·972
18 28·1	101·274	103·685	205·066	18 19·9	84·166	81·742	165·994
18 35·9	103·667	101·254	205·024	18 46·2	81·767	84·155	165·998
19 8·5	101·280	103·718	205·088	18 57·1	84·158	81·753	165·983

Bar. 30·14 in.   Ther. 41°·0.   Run + 3·7.

β Centauri.   1882, July 11.

h m	r	r	R
17 7·6	38·156	35·727	73·911
17 20·9	35·716	38·145	73·892

Bar. 30·36 in.   Ther. 52°·0.   Run + 3·3.   Images 2–3.   Steadiness 2–3.

α_2 Centauri.   1882, July 11.

	α				β		
h m	r	r	R	h m	r	r	R
17 35·1	150·103	147·677	297·870	17 47·4	117·842	120·255	238·170
18 9·8	147·652	150·095	297·846	18 1·1	120·299	117·834	238·210

Bar. 30·38 in.   Ther. 51°·0.   Run + 2·4.   Images 2.   Steadiness 2–3.

---

o_2 Eridani.   1882, July 11.

	β				α		
h m	r	r	R	h m	r	r	R
0 16·2	253·596	251·154	505·321	0 30·2	242·086	244·568	487·081
1 22·0	251·268	253·696	505·278	1 12·7	244·636	242·190	487·127

Bar. 30·38 in.   Ther. 48°·0.   Run + 3·9.   Images 1.   Steadiness 2.

o_2 Eridani. 1882, July 13.

α				β			
h m	r	r	R	h m	r	r	R
0 19·6	244·522	242·074	487·076	0 32·4	251·202	253·644	505·330
1 2·5	242·158	244·615	487·100	0 46·1	253·651	251·253	505·328
1 16·0	244·614	242·203	487·114	1 32·6	251·294	253·751	505·342
1 55·6	242·213	244·663	487·114	1 43·0	253·761	251·309	505·348

Bar. 30·21 in.   Ther. 40°·0.   Run + 2·0.

---

o_2 Eridani. 1882, July 22.

α				β			
h m	r	r	R	h m	r	r	R
0 51·8	244·600	242·147	487·097	1 6·0	251·238	253·709	505·299
1 28·9	242·185	244·632	487·087	1 17·3	253·736	251·271	505·328
1 37·3	244·668	242·189	487·113	1 48·4	251·282	253·766	505·313
2 6·5	242·201	244·693	487·114	1 57·2	253·748	251·309	505·309

Bar. 30·19 in.   Ther. 49°·3.   Run + 2·1.   Images 2.   Steadiness 3.

ε Indi. 1882, July 26.

α				β			
h m	r	r	R	h m	r	r	R
16 35·6	84·176	81·701	166·023	16 47·6	101·214	103·669	205·045
17 22·6	81·723	84·170	166·006	17 5·7	103·679	101·219	205·047

Bar. 30·39 in.   Ther. 52°·3.   Run + 4·3.   Images 3.   Steadiness 3.

---

o_2 Eridani. 1882, July 26.

β				α			
h m	r	r	R	h m	r	r	R
0 42·5	253·655	251·248	505·331	0 55·6	242·153	244·623	487·115
1 18·2	251·280	253·752	505·351	1 7·2	244·648	242·180	487·138
1 28·1	253·744	251·287	505·330	1 40·0	242·209	244·642	487·104
2 8·6	251·347	253·777	505·362	1 54·4	244·691	242·223	487·149

Bar. 30·34 in.   Ther. 51°·5.   Run + 2·8.   Images 2–3.   Steadiness 3.

β Centauri. 1882, July 27.

h m	r	r	R
16 43·1	35·726	38·149	73·901
16 53·1	38·187	35·733	73·947

Bar. 30·26 in.   Ther. 52°·0.   Run + 3·9.   Images 2–3.   Steadiness 2–3.

α_2 Centauri.   1882, July 27.

	α				β		
h m	r	r	R	h m	r	r	R
17 10·0	147·646	150·124	297·856	17 24·2	120·316	117·863	238·249
17 46·3	150·102	147·650	297·843	17 37·3	117·873	120·322	238·266

Bar. (30·26) in.   Ther. 52°·0.   Run + 3·2.

α_2 Centauri.   1882, July 27.

	α^1				β^1		
h m	r	r	R	h m	r	r	R
18 12·0	232·171	234·600	467·028	18 30·1	213·556	211·086	424·883
19 7·9	234·594	232·101	467·040	18 43·0	211·075	213·538	424·871

Bar. 30·23 in.   Ther. 51°·5.   Run + 2·8.   Images 3.   Steadiness 3.

---

o_2 Eridani.   1882, July 27.

	α				β		
h m	r	r	R	h m	r	r	R
0 53·0	242·156	244·592	487·096	1 2·6	253·712	251·276	505·350
1 27·6	244·633	242·201	487·108	1 17·0	251·263	253·750	505·336
1 35·4	242·209	244·651	487·121	1 47·8	253·767	251·305	505·340
2 8·2	244·666	242·204	487·090	1 57·6	251·324	253·778	505·355

Bar. 30·17 in.   Ther. 45°·5.   Run + 2·6.   Images 1–2.   Steadiness 2.

α_2 Centauri.   1882, July 30.

	β^1				α^1		
h m	r	r	R	h m	r	r	R
17 29·6	213·567	211·118	424·867	17 46·1	232·163	234·603	466·991
18 19·8	211·121	213·581	424·932	18 1·5	234·647	232·143	467·032
18 32·3	213·570	211·120	424·934	18 48·9	232·133	234·583	467·026
19 20·7	211·084	213·515	424·911	19 1·7	234·586	232·111	467·029

Bar. 30·39 in.   Ther. 54°·5.   Run + 2·7.

---

o_2 Eridani.   1882, July 30.

	β				α		
h m	r	r	R	h m	r	r	R
0 35·4	253·635	251·213	505·307	0 46·8	242·142	244·611	487·116
1 8·3	251·280	253·709	505·342	0 59·2	244·598	242·174	487·101
1 16·1	253·717	251·278	505·319	1 29·3	242·157	244·650	487·075
1 49·5	251·306	253·761	505·329	1 39·9	244·651	242·198	487·101

Bar. 30·41 in.   Ther. 54°·0.   Run + 2·8.   Images 1–2.   Steadiness 2.

α_2 Centauri. 1882, July 31.

α^1				β^1			
h m	r	r	R	h m	r	r	R
17 39·1	232·157	234·614	466·988	17 53·1	213·558	211·118	424·878
18 27·9	234·590	232·163	467·030	18 10·5	211·124	213·568	424·912
18 36·6	232·147	234·597	467·034	18 55·3	213·558	211·086	424·917
19 27·5	234·531	232·085	466·999	19 12·5	211·074	213·537	424·909

Bar. 30·46 in.   Ther. 55·8°.   Run + 2·4.   Images 1–2.   Steadiness 2.

β Centauri. 1882, July 31.

h m	r	r	R
20 25·4	35·700	38·135	73·949
20 36·7	38·144	35·691	73·959

Bar. (30·45) in.   Ther. 55·5°.   Run + 4·2.   Images 2.   Steadiness 2.

α^2 Centauri. 1882, July 31.

α				β			
h m	r	r	R	h m	r	r	R
20 46·1	147·515	149·991	297·826	20 54·8	120·177	117·724	238·166
21 16·5	149·952	147·452	297·847	21 5·1	117·733	120·158	238·185

Bar. 30·45 in.   Ther. 55·5°.   Run + 2·6.   Images 2–3.   Steadiness 3.

β Centauri. 1882, August 1.

h m	r	r	R
16 24·2	35·722	38·156	73·902
16 40·5	38·166	35·715	73·907

Bar. 30·41 in.   Ther. 57·0°.   Run + 4·1.   Images 2.   Steadiness 2.

α_2 Centauri. 1882, August 1.

α				β			
h m	r	r	R	h m	r	r	R
17 0·2	147·650	150·121	297·855	17 13·6	120·308	117·858	238·234
17 38·5	150·095	147·665	297·850	17 25·0	117·865	120·305	238·239

Bar. 30·47 in.   Ther. 57·0°.   Run + 2·5.   Images 2–3.   Steadiness 2–3.

a_2 Centauri.   1882, August 2.

	β^1				a^1		
h m	r	r	R	h m	r	r	R
17 19.3	213.589	211.122	424.886	17 32.6	232.161	234.593	466.964
18 5.1	211.105	213.563	424.882	17 50.3	234.616	232.166	467.011
18 13.7	213.563	211.117	424.900	18 30.9	232.123	234.591	466.995
19 0.2	211.070	213.542	424.892	18 45.1	234.559	232.148	467.009

Bar. 30.37 in.   Ther. 55°.0.   Run + 2.5.

Sirius.   1882, August 3.

	a				β		
h m	r	r	R	h m	r	r	R
1 53.2	141.931	144.333	286.388	2 8.3	142.186	139.748	282.015
2 33.7	144.372	141.907	286.381	2 20.2	139.738	142.194	282.013
2 45.0	141.904	144.384	286.387	2 53.8	142.221	139.717	282.018
3 11.8	144.366	141.929	286.387	3 3.5	139.763	142.191	282.034

Bar. 30.25 in.   Ther. 53°.0.   Run + 2.3.   Images 2.   Steadiness 3.

β Centauri.   1882, August 4.

	a		
h m	r	r	R
17 1.4	38.177	35.733	73.938
17 16.4	35.735	38.153	73.917

Bar. 30.34 in.   Ther. 56°.0.   Run + 4.4.   Images 2-3.   Steadiness 2-3.

---

a_2 Centauri.   1882, August 4.

	β				a		
h m	r	r	R	h m	r	r	R
17 36.3	120.304	117.859	238.233	17 49.6	147.657	150.106	297.855

Bar. 30.34 in.   Ther. 55°.5.   Run + 3.9.   Images 3.   Steadiness 3.

Sirius.   1882, August 4.

	β				a		
h m	r	r	R	h m	r	r	R
1 44.6	139.738	142.161	281.983	1 57.2	144.331	141.917	286.371
2 21.2	142.183	139.723	281.989	2 9.9	141.897	144.393	286.405
2 29.5	139.760	142.208	282.050	2 43.2	144.381	141.916	286.399
3 8.7	142.193	139.749	282.024	2 53.7	141.922	144.370	286.391

Bar. 30.33 in.   Ther. 43°.3.   Run + 2.9.   Images 2-3.   Steadiness 2.

HELIOMETER OBSERVATIONS. GILL.

α_2 Centauri.   1882, August 5.

	α^1					β^1		
h m	r	r	R	h m	r	r	R
17 19·3	232·349	234·786	467·334	17 35·1	213·690	211·228	425·107
18 13·1	234·760	232·300	467·320	17 55·0	211·239	213·691	425·136

Bar. 30·27 in.   Ther. 48·0°.   Run + 2·5.   Images 2–3.   Steadiness 3.

α_2 Centauri.   1882, August 7.

	β^1				α^1		
h m	r	r	R	h m	r	r	R
17 31·3	211·060	213·610	424·853	17 51·3	234·583	232·210	467·022
18 17·5	213·500	211·126	424·853	18 5·7	232·197	234·555	466·998
18 24·8	211·122	213·529	424·887	18 32·9	234·538	232·135	466·956
18 51·8	213·518	211·123	424·909	18 42·7	232·126	234·539	466·962

Bar. 30·29 in.   Ther. 55·0°.   Run + 3·5.   Images 2–3.   Steadiness 2–3.

Sirius.   1882, August 7.

	α				β		
h m	r	r	R	h m	r	r	R
1 52·8	141·945	144·349	286·419	2 3·7	142·153	139·792	282·027
2 34·2	144·352	141·947	286·402	2 17·1	139·770	142·184	282·036
2 44·3	141·945	144·332	286·377	2 54·2	142·163	139·769	282·013
3 13·8	144·341	141·981	286·415	3 5·0	139·789	142·145	282·015

Bar. 30·24 in.   Ther. 48·0°.   Run + 3·4.   Images 2–3.   Steadiness 2–3.

α_2 Centauri.   1882, August 11.

	α^1				β^1		
h m	r	r	R	h m	r	r	R
17 11·6	234·599	232·212	467·002	17 28·9	211·141	213·547	424·869
17 54·6	232·211	234·572	467·024	17 43·9	213·552	211·160	424·906
18 8·9	234·604	232·130	466·991	18 21·6	211·117	213·521	424·870
18 48·9	232·191	234·512	467·011	18 38·1	213·542	211·122	424·916

Bar. 30·24 in.   Ther. 52·3°.   Run + 2·8.   Images 2.   Steadiness 2.

ϵ Indi.   1882, August 11.

	α				β		
h m	r	r	R	h m	r	r	R
1 40·4	84·129	81·811	166·031	1 54·7	101·215	103·680	205·008
				2 9·2	103·649	101·284	205·057
2 26·1	81·759	84·130	166·004	2 37·9	103·623	101·267	205·038
3 3·0	84·140	81·732	166·014	2 53·7	101·256	103·610	205·030

Bar. 30·10 in.   Ther. 53·5°.   Run + 5·0.

α_2 Centauri.   1882, August 12.

	β^1				α^1		
h m	r	r	R	h m	r	r	R
17 32·4	211·151	213·547	424·882	17 48·0	234·575	232·186	466·991
18 17·1	213·515	211·128	424·869	18 3·7	232·184	234·537	466·965
18 30·7	211·127	213·526	424·894	18 40·3	234·545	232·159	466·998
18 58·0	213·493	211·117	424·885	18 50·3	232·153	234·523	466·991

Bar. 30·10 in.   Ther. 53°·0.   Run + 3·6.   Images 1–2.   Steadiness 1–2.

α_2 Centauri.   1882, August 14.

	α^1				β^1		
h m	r	r	R	h m	r	r	R
17 33·9	234·558	232·170	466·941	17 42·5	211·177	213·519	424·889
17 59·8	232·184	234·552	466·977	17 50·7	213·521	211·142	424·864
18 6·9	234·550	232·165	466·965	18 14·6	211·130	213·512	424·868
18 33·6	232·205	234·518	467·009	18 23·0	213·518	211·136	424·889

Bar. 30·43 in.   Ther. 52°·9.   Run + 2·8.   Images 1.   Steadiness 1–2.

α_2 Centauri.   1882, August 16.

	β^1				α^1		
h m	r	r	R	h m	r	r	R
17 49·3	213·554	211·138	424·892	17 57·4	232·198	234·549	466·986
18 14·3	211·128	213·523	424·876	18 5·1	234·575	232·189	467·012
18 26·0	213·532	211·134	424·904	18 37·5	232·150	234·524	466·967
19 4·9	211·113	213·495	424·897	18 53·6	234·530	232·127	466·976

Bar. 30·44 in.   Ther. 52°·0.   Run + 2·5.   Images 1–2.   Steadiness 1–2.

o_2 Eridani.   1882, August 16.

	α				β		
h m	r	r	R	h m	r	r	R
0 52·8	244·512	242·161	487·022	1 7·7	251·297	253·677	505·322
1 40·0	242·228	244·640	487·123	1 24·2	253·692	251·314	505·316

Bar. 30·42 in.   Ther. 49°·0.   Run + 4·6.   Images 2–3.   Steadiness 3.

ϵ Indi.   1882, August 16.

	α				β		
h m	r	r	R	h m	r	r	R
2 3·2	84·164	81·780	166·048	2 15·0	101·250	103·679	205·060
2 46·6	81·740	84·128	165·999	2 34·7	103·644	101·244	205·035
2 54·0	84·127	81·752	166·013	3 7·8	101·239	103·625	205·048
3 29·8	81·732	84·110	166·011	3 20·2	103·651	101·228	205·080

Bar. 30·41 in.   Ther. 49°·5.   Run + 4·5.   Images 3.   Steadiness 3.

ε Indi.   1882, August 17.

α				β			
h m	r	r	n	h m	r	r	n
17 33·0	81·784	84·157	166·047	17 44·1	103·656	101·273	205·055
18 5·4	84·154	81·769	166·013	17 55·6	101·283	103·672	205·075
18 15·0	81·787	84·150	166·023	18 28·0	103·646	101·273	205·023
18 52·5	84·172	81·788	166·032	18 40·5	101·258	103·664	205·020

Bar. 30·36 in.   Ther. 58°·0.   Run + 4·1.   Images 3.   Steadiness 3.

α_2 Centauri.   1882, August 18.

α				β			
h m	r	r	n	h m	r	r	n
17 30·5	147·775	150·141	298·004	17 42·3	120·340	117·971	238·283
18 7·5	150·168	147·771	298·037	17 56·6	117·943	120·354	238·372
18 23·7	147·669	150·053	297·827	18 33·1	120·285	117·894	238·266
18 51·0	150·066	147·658	297·846	18 42·6	117·887	120·277	238·255

Bar. 30·24 in.   Ther. 52°·5.   Run + 2·9.   Images 2–3.   Steadiness 2–3.

β Centauri.   1882, August 18.

h m	r	r	n
19 2·1	35·742	38·134	73·935
19 10·3	38·116	35·732	73·909

Bar. 30·23 in.   Ther. 48°·0.   Run + 2·4.

α_2 Centauri.   1882, August 19.

β				α			
h m	r	r	n	h m	r	r	n
18 0·7	117·909	120·282	238·266	18 8·6	150·068	147·683	297·849
18 25·8	120·271	117·899	238·253	18 17·0	147·672	150·057	297·831
18 31·8	117·878	120·284	238·247	18 38·1	150·060	147·657	297·830
18 59·3	420·268	117·907	238·275	18 50·9	147·660	150·048	297·829

Bar. 30·12 in.   Ther. 52°·0.   Run + 3·4.   Images 2–3.   Steadiness 3.

β Centauri.   1882, August 19.

h m	r	r	n
19 13·8	35·750	38·136	73·949
19 25·1	38·110	35·754	73·932

Bar. 30·12 in.   Ther. 50°·0.   Run + 4·4.   Images 2–3.   Steadiness 2–3.

Sirius.   1882, August 19.

	β				α		
h m	r	r	R	h m	r	r	R
1 59·5	139·774	142·171	282·026	2 13·2	144·336	141·929	286·376
2 34·8	142·145	139·764	281·989	2 24·0	141·942	144·347	286·395
2 41·9	139·768	142·164	282·012	2 51·4	144·336	141·974	286·406
3 17·6	142·164	139·742	281·986	3 5·3	141·947	144·375	286·416

Bar. 30·10 in.   Ther. 51°·5.   Run + 4·6.   Images 3.   Steadiness 3.

β Centauri.   1882, August 21.

*

h m	r	r	R
18 24·6	38·134	35·737	73·916
18 33·5	35·772	38·119	73·940

Bar. 30·23 in.   Ther. 54°·0.   Run + 4·2.   Images 2.   Steadiness 2–3.

α₂ Centauri.   1882, August 21.

	α				β		
h m	r	r	R	h m	r	r	R
18 46·0	150·026	147·675	297·819	18 55·4	117·889	120·270	238·256
19 19·0	147·627	150·034	297·807	19 7·5	120·297	117·884	238·287
19 26·4	150·047	147·634	297·836	19 34·6	117·891	120·261	238·280
19 52·7	147·640	150·004	297·832	19 45·4	120·236	117·839	238·214

Bar. 30·23 in.   Ther. 53°·0.   Run + 2·9.   Images 1–2.   Steadiness 2–3.

ε Indi.   1882, August 22.

	β				α		
h m	r	r	R	h m	r	r	R
17 55·4	101·262	103·670	205·051	18 5·3	84·137	81·747	165·974
18 23·3	103·662	101·292	205·060	18 14·2	81·799	84·144	166·029
18 31·6	101·291	103·672	205·065	18 42·8	84·152	81·767	165·994
18 56·9	103·673	101·285	205·049	18 50·5	81·770	84·165	166·006

Bar. 30·21 in.   Ther. 58°·15.   Run + 3·8.

α₂ Centauri.   1882, August 23.

	β				α		
h m	r	r	R	h m	r	r	R
17 52·0	117·913	120·296	238·283	18 4·1	150·058	147·680	297·834
18 25·2	120·289	117·888	238·260	18 13·9	147·642	150·049	297·792

Bar. 30·10 in.   Ther. 51°·0.   Run + 2·2.   Images 2.   Steadiness 2–3.

β Centauri.   1882, August 23.

h m	r	r	R
18 37·3	38·136	35·729	73·915
18 46·7	35·735	38·134	73·921

Bar. 30·11 in.   Ther. 50°·0.   Run + 5·5.   Images 2.   Steadiness 2.

ε Indi.   1882, August 24.

β

h m	r	r	R
17 49·9	103·667	101·281	205·071
18 18·8	101·295	103·664	205·067

α

h m	r	r	R
17 58·8	81·789	84·153	166·035
18 8·1	84·158	81·787	166·034

Bar. 30·13 in.   Ther. 55°·0.   Run + 5·2.   Images 1.   Steadiness 1–2.

ε Indi.   1882, August 26.

α

h m	r	r	R
18 3·2	84·210	81·737	166·039
18 32·1	81·768	84·196	166·043
18 42·0	84·209	81·741	166·025
19 10·8	81·735	84·205	166·005

β

h m	r	r	R
18 13·7	101·233	103·697	205·040
18 23·3	103·699	101·271	205·072
18 50·6	101·234	103·716	205·044
19 2·0	103·726	101·223	205·039

Bar. 30·17 in.   Ther. 55°·0.   Run + 6·1.

ε Indi.   1882, August 31.

β

h m	r	r	R
18 4·0	101·242	103·689	205·048
18 26·6	103·693	101·236	205·035
18 36·6	101·270	103·696	205·068
19 2·0	103·712	101·266	205·065

α

h m	r	r	R
18 11·6	84·207	81·758	166·054
18 20·6	81·734	84·205	166·032
18 46·5	84·209	81·751	166·035
18 54·9	81·762	84·218	166·052

Bar. 30·43 in.   Ther. 52°·0.   Run + 4·9.   Images 2.   Steadiness 2.

α₂ Centauri.   1882, September 1.

α

h m	r	r	R
18 7·2	150·095	147·619	297·812
18 39·5	147·618	150·086	297·819
18 46·4	150·101	147·624	297·844
19 18·4	147·638	150·089	297·873

β

h m	r	r	R
18 16·1	117·844	120·342	238·267
18 29·4	120·336	117·872	238·294
18 56·7	117·856	120·323	238·278
19 9·0	120·334	117·843	238·284

Bar. 30·24 in.   Ther. 48°·8.   Run + 4·2.   Images 2.   Steadiness 2–3.

α_2 Centauri. 1882, September 8.

	β				α		
h m	r	r	R	h m	r	r	R
18 13·3	117·880	120·327	238·286	18 25·6	150·068	147·623	297·792
18 52·5	120·316	117·867	238·279	18 41·7	147·608	150·083	297·806
19 0·8	117·859	120·322	238·281	19 11·8	150·078	147·589	297·806
19 34·4	120·306	117·842	238·277	19 24·2	147·612	150·047	297·811

Bar. 30·27 in. Ther. 55°·9. Run + 3·3. Images 2. Steadiness 3.

ϵ Indi. 1882, September 12.

	α				β		
h m	r	r	R	h m	r	r	R
18 16·8	84·197	81·747	166·029	18 28·0	101·230	103·695	205·029

Bar. 30·12 in. Ther. 57°·0. Run + 3·4.

α_2 Centauri. 1882, September 14.

	α				β		
h m	r	r	R	h m	r	r	R
18 31·3	147·613	150·089	297·810	18 39·3	120·321	117·858	238·267
18 56·3	150·088	147·616	297·828	18 48·7	117·870	120·312	238·275
19 4·5	147·616	150·085	297·832	19 14·8	120·324	117·868	238·300
19 32·8	150·060	147·581	297·803	19 24·3	117·852	120·326	238·295

Bar. 30·14 in. Ther. 56°·5. Run + 4·1. Images 1–2. Steadiness 1–2.

ϵ Indi. 1882, September 22.

	α				β		
h m	r	r	R	h m	r	r	R
19 10·5	84·203	81·752	166·020	19 19·5	101·253	103·713	205·051
19 37·6	81·758	84·219	166·036	19 28·7	103·717	101·243	205·043

Bar. 30·24 in. Ther. 56°·3. Run + 4·2.

α_2 Centauri. 1882, September 25.

	α				β		
h m	r	r	R	h m	r	r	R
19 35·3	147·611	150·041	297·817	19 44·2	120·309	117·851	238·297
20 4·6	150·052	147·595	297·858	19 54·2	117·843	120·291	238·283

Bar. 30·10 in. Ther. 54°·0. Run + 5·8.

a_2 Centauri.   1882, October 1.

	β				α		
h m	r	r	R	h m	r	r	R
20 8·2	117·802	120·273	238·244	20 16·1	149·991	147·558	297·786
20 33·8	120·242	117·788	238·244	20 25·6	147·539	149·991	297·790
20 41·0	117·789	120·259	238·272	20 49·8	149·929	147·455	297·716
21 12·1	120·211	117·701	238·227	21 2·3	147·499	149·879	297·757

Bar. 30·37 in.   Ther. 55°·0.   Run + 3·3.   Images 1–2.   Steadiness 2.

a_2 Centauri.   1882, October 2.

	α				β		
h m	r	r	R	h m	r	r	R
19 50·8	147·592	150·037	297·815	20 1·8	120·262	117·693	238·113
20 16·4	149·996	147·535	297·766	20 10·2	117·828	120·274	238·272
20 24·7	147·559	149·987	297·800	20 33·9	120·279	117·790	238·280
20 50·0	149·987	147·517	297·832	20 42·2	117·760	120·244	238·234

Bar. 30·19 in.   Ther. 58°·8.   Run + 3·7.   Images 2.   Steadiness 2.

ε Indi.   1882, November 9.

	α				β		
h m	r	r	R	h m	r	r	R
1 23·3	84·210	81·808	166·101	1 33·0	101·226	103·683	205·010
1 51·8	81·777	84·200	166·073	1 43·4	103·677	101·227	205·011
1 58·9	84·206	81·793	166·098	2 13·4	101·228	103·672	205·027

Bar. (30·13) in.   Ther. 55°·0.   Run + 4·3.   Images 1.   Steadiness 1.

Sirius.   1882, November 9.

	α				β		
h m	r	r	R	h m	r	r	R
3 53·1	144·412	141·950	286·448	4 9·2	139·703	142·177	281·959
4 29·6	141·967	144·395	286·445	4 20·2	142·177	139·755	282·011

Bar. 30·13 in.   Ther. 54°·5.   Run + 3·8.   Images 1–2.   Steadiness 1–2.

Sirius.   1882, November 16.

	α				β		
h m	r	r	R	h m	r	r	R
2 20·8	141·925	144·355	286·387	2 27·6	142·125	139·720	281·925
2 43·3	144·401	141·926	286·426	2 35·7	139·701	142·151	281·932
2 49·4	141·931	144·361	286·389	2 57·8	142·168	139·735	281·983
3 13·9	144·359	141·959	286·410	3 5·9	139·716	142·151	281·947

Bar. 30·28 in.   Ther. 55°·5.   Run + 3·2.   Images 1–2.   Steadiness 1–2.

ε Indi.   1882, November 18.

	β				α		
h m	r	r	R	h m	r	r	R
1 39·9	103·647	101·240	204·991	1 50·8	81·804	84·250	166·148
2 23·5	101·239	103·635	205·008	2 3·9	84·247	81·760	166·108

Bar. 30·19 in.   Ther. 59°·0.   Run + 3·1.   Images 3–4.   Steadiness 3–4.

Sirius.   1882, November 23.

	β				α		
h m	r	r	R	h m	r	r	R
2 52·3	142·174	139·702	281·956	3 0·5	141·940	144·378	286·413
3 18·7	139·738	142·142	281·960	3 10·0	144·375	141·955	286·425
3 28·3	142·157	139·728	281·965	3 37·4	141·952	144·375	286·414
3 53·5	139·719	142·158	281·957	3 45·8	144·393	141·945	286·424

Bar. 30·18 in.   Ther. 55°·8.   Run + 1·5.   Images 1.   Steadiness 1.

Lacaille 9352.   1882, November 24.

	α				β		
h m	r	r	R	h m	r	r	R
1 42·1	264·220	266·652	531·068	1 54·8	172·228	169·757	342·112
2 11·6	266·626	264·221	531·063	2 2·7	169·778	172·190	342·099
2 17·6	264·172	266·656	531·049	2 24·6	172·176	169·760	342·076
2 45·8	266·623	264·202	531·072	2 35·3	169·772	172·243	342·162

Bar. (30·08) in.   Ther. (59°·3).   Run + 5·5.   Images 3.   Steadiness 3.

Sirius.   1882, November 24.

	α				β		
h m	r	r	R	h m	r	r	R
3 4·7	141·955	144·388	286·435	3 13·0	142·184	139·709	281·972
3 30·8	144·391	141·964	286·442	3 22·9	139·744	142·174	281·997
3 36·5	141·936	144·391	286·413	3 44·9	142·191	139·734	282·004
3 59·3	144·416	141·952	286·452	3 52·5	139·743	142·198	282·020

Bar. 30·08 in.   Ther. 59°·5.   Run + 1·3.   Images 3.   Steadiness 3.

Sirius.   1882, November 25.

	α				β		
h m	r	r	R	h m	r	r	R
2 7·9	141·936	144·374	286·421	2 16·3	142·169	139·726	281·974
2 38·8	144·362	141·939	286·399	2 25·8	139·744	142·165	281·987
2 46·9	141·952	144·392	286·439	2 58·3	142·166	139·735	281·979
3 16·3	144·399	141·936	286·424	3 7·4	139·714	142·170	281·962

Bar. 30·00 in.   Ther. 60°·5.   Run + 2·7.   Images 2–3.   Steadiness 2–3.

Lacaille 9352.   1882, November 27.

β				α			
h m	r	r	R	h m	r	r	R
1 25·9	172·233	169·794	342·143	1 37·0	264·217	266·661	531·069
2 0·3	169·761	172·232	342·122	1 51·0	266·682	264·223	531·106
2 6·7	172·232	169·764	342·127	2 18·4	264·199	266·645	531·064
2 40·3	169·757	172·211	342·117	2 28·4	266·621	264·165	531·014

Bar. (30·04 in).   Ther. 62·5.   Run + 5·2.   Images 2.   Steadiness 2–3.

Sirius.   1882, November 27.

β				α			
h m	r	r	R	h m	r	r	R
3 4·9	142·190	139·716	281·984	3 14·1	141·942	144·380	286·412
3 32·7	139·730	142·182	281·990	3 25·0	144·386	141·961	286·435
3 41·3	142·170	139·722	281·970	3 49·9	141·949	144·405	286·439
4 3·4	139·741	142·183	282·001	3 57·1	144·411	141·948	286·443

Bar. 30·04 in.   Ther. 62·0.   Run + 2·5.   Images 2–3.   Steadiness 2–3.

Lacaille 9352.   1882, November 28.

β				α			
h m	r	r	R	h m	r	r	R
1 49·8	169·791	172·197	342·112	1 57·3	266·689	264·200	531·092
2 18·4	172·241	169·776	342·153	2 6·8	264·196	266·652	531·058
2 25·7	169·763	172·224	342·126	2 36·7	266·664	264·194	531·093
2 57·8	172·233	169·784	342·177	2 45·9	264·203	266·668	531·115

Bar. (30·07 in).   Ther. 64·8.   Run + 5·2.   Images 2–3.   Steadiness 2–3.

Sirius.   1882, November 28.

α				β			
h m	r	r	R	h m	r	r	R
3 15·8	141·955	144·393	286·437	3 22·5	142·185	139·746	282·010
3 37·9	144·400	141·958	286·443	3 29·8	139·732	142·171	281·981
3 44·5	141·950	144·391	286·425	3 51·0	142·183	139·727	281·988
4 6·4	144·400	141·952	286·434	4 0·1	139·722	142·185	281·984

Bar. 30·07 in.   Ther. 64·0.   Run + 3·9.   Images 2–3.   Steadiness 2–3.

Lacaille 9352.   1882, November 29.

α				β			
h m	r	r	R	h m	r	r	R
1 27·3	264·179	266·655	531·020	1 36·6	172·264	169·787	342·170
1 54·0	266·644	264·200	531·045	1 45·6	169·755	172·187	342·064
2 2·2	264·237	266·652	531·096	2 9·8	172·234	169·831	342·198
2 28·2	266·720	264·190	531·138	2 19·0	169·743	172·215	342·094

Bar. 30·13 in.   Ther. 65·0.   Run + 5·8.

Sirius.   1882, December 3.

β				α			
h m	r	r	R	h m	r	r	R
2 37·3	139·721	142·180	281·980	2 44·2	144·388	141·954	286·439
3 4·9	142·186	139·713	281·978	2 55·7	141·934	144·402	286·430
3 13·8	139·717	142·180	281·976	3 23·6	144·395	141·952	286·436
3 40·2	142·184	139·746	282·009	3 32·7	141·950	144·394	286·433

Bar. 30·22 in.   Ther. 60°·0.   Run + 3·9.   Images 1–2.   Steadiness 2.

Lacaille 9352.   1882, December 4.

β				α			
h m	r	r	R	h m	r	r	R
1 38·0	169·754	172·227	342·102	1 48·9	266·647	264·190	531·038
2 7·0	172·213	169·757	342·103	1 57·5	264·184	266·641	531·032
2 12·4	169·741	172·206	342·083	2 21·8	266·637	264·164	531·027
2 41·4	172·211	169·725	342·087	2 33·7	264·153	266·651	531·041

Bar. (30·23) in.   Ther. (58°·7).   Run + 5·0.   Images 1–2.   Steadiness 1–2.

Sirius.   1882, December 4.

α				β			
h m	r	r	R	h m	r	r	R
2 58·9	141·938	144·384	286·416	3 8·1	142·145	139·709	281·933
3 25·9	144·406	141·934	286·429	3 18·5	139·701	142·191	281·971
3 30·7	141·919	144·394	286·401	3 38·9	142·185	139·701	281·965
3 52·9	144·408	141·951	286·445	3 46·5	139·712	142·175	281·966

Bar. 30·23 in.   Ther. 58°·7.   Run + 2·7.   Images 1–2.   Steadiness 1–2.

Lacaille 9352.   1882, December 9.

α				β			
h m	r	r	R	h m	r	r	R
2 4·2	264·243	266·670	531·117	2 12·3	172·237	169·734	342·102
2 33·2	266·702	264·173	531·103	2 21·9	169·703	172·232	342·070
2 42·0	264·141	266·659	531·037	2 51·5	172·219	169·701	342·072
3 12·3	266·685	264·159	531·117	3 1·0	169·716	172·222	342·099

Bar. 29·93 in.   Ther. 70°·5.   Run + 6·1.   Images 2–3.   Steadiness 2–3.

Lacaille 9352.   1882, December 13.

β				α			
h m	r	r	R	h m	r	r	R
2 9·1	172·211	169·692	342·038	2 22·0	264·198	266·657	531·082
2 26·2	169·725	172·171	342·039	2 32·4	266·671	264·186	531·093
2 54·8	172·199	169·733	342·093	3 6·7	264·143	266·636	531·075
3 29·9	169·711	172·185	342·089	3 18·3	266·676	264·165	531·134

Bar. 30·28 in.   Ther. 57°·0.   Run + 6·5.   Images 2–3.   Steadiness 2–3.

Sirius. 1882, December 18.

	β				α		
h m	r	r	R	h m	r	r	R
3 11·4	139·716	142·190	281·983	3 23·0	144·414	141·944	286·444
3 39·7	142·215	139·710	282·002	3 31·4	141·941	144·427	286·453
3 46·5	139·704	142·213	281·994	3 59·4	144·453	141·926	286·461
4 19·6	142·191	139·717	281·984	4 10·3	141·934	144·421	286·435

Bar. 29·90 in. Ther. 70°·0. Run + 2·6.

Sirius. 1882, December 24.

	α				β		
h m	r	r	R	h m	r	r	R
2 37·2	141·926	144·407	286·433	2 45·9	142·184	139·731	281·995
3 14·6	144·438	141·942	286·471	2 59·2	139·722	142·181	281·983
3 22·6	141·936	144·407	286·432	3 31·7	142·205	139·711	281·996
3 56·2	144·415	141·943	286·443	3 42·8	139·736	142·180	281·996

Bar. 30·24 in. Ther. 56°·8. Run + 3·6. Images 2–3. Steadiness 2–3.

Sirius. 1882, December 24.

	α				β		
h m	r	r	R	h m	r	r	R
9 17·9	141·900	144·374	286·411	9 27·9	142·165	139·684	281·978
9 54·3	141·877	144·363	286·412	9 45·8	142·170	139·668	281·981
10 2·3	144·375	141·904	286·461	10 12·5	139·671	142·129	281·972
10 31·5	141·876	144·327	286·441	10 21·2	142·157	139·659	282·000

Bar. 30·20 in. Ther. 56°·5. Run + 3·7. Images 2–3. Steadiness 2–3.

o_2 Eridani. 1883, February 6.

	α				β		
h m	r	r	R	h m	r	r	R
7 49·8	244·657	242·221	487·015	8 5·5	251·514	253·929	505·588
8 30·1	242·254	244·680	487·079	8 18·2	253·909	251·518	505·575

Bar. 29·97 in. Ther. 65°·8. Run + 4·0. Images 3. Steadiness 3.

o_2 Eridani. 1883, February 10.

	β				α		
h m	r	r	R	h m	r	r	R
7 26·4	253·925	251·556	505·621	7 38·8	242·213	244·620	486·970
8 1·0	251·518	253·920	505·583	7 50·5	244·590	242·236	486·964
8 10·6	253·920	251·558	505·625	8 20·0	242·223	244·615	486·983
8 43·2	251·537	253·936	505·624	8 31·1	244·642	242·215	487·003

Bar. 30·10 in. Ther. 66°·5. Run + 3·5. Images 2–3. Steadiness 2–3.

o_2 Eridani.   1883, February 11.

	α				β		
h m	r	r	R	h m	r	r	R
7 14·6	244·635	242·237	487·006	7 23·3	251·534	253·971	505·644
7 45·5	242·225	244·639	487·000	7 34·5	253·928	251·559	505·627
7 56·1	244·623	242·226	486·987	8 6·5	251·501	253·920	505·566
8 28·8	242·215	244·625	486·984	8 16·2	253·917	251·499	505·563

Bar. 29·98 (in).   Ther. 66°·5.   Run + 3·9.   Images 2.   Steadiness 2–3.

1883, February 11.

	β Centauri.				α^2 Centauri.		
					α		
h m	r	r	R	h m	r	r	R
9 7·2	38·110	35·740	73·895	9 25·2	150·040	147·634	297·794
9 15·3	35·755	38·153	73·952	9 50·9	147·646	150·052	297·820
					β		
				9 33·4	117·865	120·293	238·256
				9 41·0	120·263	117·880	238·242

Bar. 29·96 (in).   Ther. 63°·0.   Run + 2·7.

---

o_2 Eridani.   1883, February 13.

	β				α		
h m	r	r	R	h m	r	r	R
6 34·1	253·921	251·522	505·582	6 44·4	242·224	244·644	487·002
7 5·3	251·542	253·916	505·598	6 55·7	244·615	242·218	486·967
7 13·3	253·929	251·512	505·580	7 21·4	242·206	244·621	486·962
7 49·0	251·510	253·942	505·596	7 34·6	244·642	242·222	487·000

Bar. 30·13 (in).   Ther. 63°·8.   Run + 3·7.   Images 1–2.   Steadiness 2–3.

---

a_2 Centauri.   1883, February 13.

	α^1				β^1		
h m	r	r	R	h m	r	r	R
8 52·1	234·456	232·045	466·918	9 1·4	211·043	213·451	424·891
9 45·0	232·116	234·489	466·928	9 22·6	213·431	211·050	424·837
9 54·0	234·456	232·113	466·877	10 4·7	211·083	213·471	424·839
10 31·2	232·168	234·532	466·960	10 17·2	213·503	211·102	424·873

Bar. 30·10 (in).   Ther. 64°·0.   Run + 3·5.

---

o_2 Eridani.   1883, February 14.

	α				β		
h m	r	r	R	h m	r	r	R
6 30·1	244·616	242·207	486·957	6 41·4	251·558	253·943	505·640
7 7·7	242·231	244·629	486·994	6 53·2	253·955	251·532	505·626
7 15·9	244·647	242·192	486·974	7 27·5	251·545	253·926	505·612
8 0·3	242·220	244·627	486·986	7 43·0	253·945	251·562	505·650

Bar. 30·12 (in).   Ther. 64°·0.   Run + 4·0.   Images 2–3.   Steadiness 2–3.

α_2 Centauri. 1883, February 14.

θ^1 | | | | α | | |
---|---|---|---|---|---|---|---
h m | r | r | R | h m | r | r | R
8 48·8 | 213·382 | 211·001 | 424·808 | 9 3·4 | 232·067 | 234·481 | 466·943
9 24·1 | 211·052 | 213·452 | 424·857 | 9 14·2 | 234·466 | 232·067 | 466·908
9 32·7 | 213·467 | 211·067 | 424·871 | 9 46·9 | 232·099 | 234·509 | 466·932
10 9·8 | 211·079 | 213·479 | 424·836 | 9 57·1 | 234·502 | 232·121 | 466·927

Bar. 30·12 in. Ther. 63°·5. Run + 3·7.

o_2 Eridani. 1883, February 15.

β | | | | α | | |
---|---|---|---|---|---|---|---
h m | r | r | R | h m | r | r | R
6 48·5 | 251·521 | 253·944 | 505·605 | 7 0·9 | 244·629 | 242·231 | 486·994
7 23·6 | 253·956 | 251·539 | 505·636 | 7 12·9 | 242·224 | 244·627 | 486·987

Bar. 30·18 in. Ther. 62°·8. Run + 3·4. Images 2–3. Steadiness 2–3.

o_2 Eridani. 1883, February 18.

α | | | | β | | |
---|---|---|---|---|---|---|---
h m | r | r | R | h m | r | r | R
6 35·8 | 242·214 | 244·627 | 486·970 | 6 51·2 | 253·942 | 251·556 | 505·633
7 17·3 | 244·608 | 242·220 | 486·959 | 7 4·9 | 251·546 | 253·936 | 505·617
7 26·6 | 242·206 | 244·642 | 486·980 | 7 38·5 | 253·934 | 251·525 | 505·597
8 10·0 | 244·637 | 242·217 | 486·991 | 7 52·3 | 251·529 | 253·950 | 505·619

Bar. 29·89 in. Ther. 77°·8. Run + 4·1. Images 3. Steadiness 3.

β Centauri. 1883, February 18.

*

h m	r	r	R
9 27·3	35·747	38·130	73·920
9 38·3	38·132	35·747	73·921

Bar. 29·88 in. Ther. 72°·0. Run + 4·2. Images 2–3. Steadiness 2.

α^2 Centauri. 1883, February 18.

β | | | | α | | |
---|---|---|---|---|---|---|---
h m | r | r | R | h m | r | r | R
9 49·5 | 117·879 | 120·262 | 238·240 | 9 57·7 | 150·016 | 147·671 | 297·808
10 20·4 | 120·277 | 117·886 | 238·263 | 10 8·3 | 147·664 | 150·040 | 297·825

Bar. 29·88 in. Ther. 66°·0. Run + 4·1. Images 2. Steadiness 2.

o_2 Eridani.   1883, February 19.

	β				α		
h m	r	r	R	h m	r	r	R
6 51·3	253·932	251·566	505·634	7 0·8	242·206	244·614	486·951
7 23·6	251·537	253·954	505·628	7 9·9	244·591	242·195	486·918
7 34·9	253·929	251·523	505·590	7 45·2	242·212	244·621	486·967
				7 59·5	244·621	242·231	486·988

Bar. 29·92 in.   Ther. 72°·8.   Run + 5·5.   Images 2–3.   Steadiness 2–3.

Sirius.   1883, February 20.

	β				α		
h m	r	r	R	h m	r	r	R
9 22·2	139·750	142·146	282·018	9 30·3	144·350	141·966	286·459
9 48·3	142·146	139·750	282·038	9 39·7	141·954	144·353	286·459
9 55·0	139·748	142·146	282·042	10 4·5	144·342	141·832	(286·354)

Bar. 29·85 in.   Ther. 64°·8.   Run + 3·0.   Images 1–2.   Steadiness 1–2.

Sirius.   1883, February 21.

	α				β		
h m	r	r	R	h m	r	r	R
8 31·6	141·962	144·358	286·425	8 44·1	142·153	139·762	282·021
9 6·0	144·356	141·958	286·440	8 56·8	139·755	142·150	282·016

Bar. 29·95 in.   Ther. 60°·0.   Run + 4·3.

α_2 Centauri.   1883, February 26.

	β^1				α^1		
h m	r	r	R	h m	r	r	R
10 39·0	213·492	211·104	424·835	10 52·0	232·127	234·514	466·876
11 23·5	211·126	213·535	424·855	11 8·9	234·517	232·142	466·877

Bar. 29·95 in.   Ther. 65°·3.   Run + 4·0.   Images 1–2.   Steadiness 2.

α_2 Centauri.   1883, February 28.

	α^1				β^1		
h m	r	r	R	h m	r	r	R
10 17·1	232·124	234·510	466·911	10 26·0	213·497	211·106	424·858
10 48·3	234·511	232·132	466·884	10 39·1	211·080	213·520	424·841
10 59·8	232·129	234·527	466·884	11 11·4	213·519	211·107	424·864
11 32·0	234·545	232·149	466·894	11 21·3	211·107	213·540	424·845

Bar. 30·13 in.   Ther. 63°·3.   Run + 3·6.

α_2 Centauri.   1883, March 1.

	β^1				α^1		
h m	r	r	R	h m	r	r	R
9 55.2	211.102	213.482	424.882	10 5.7	234.486	232.080	466.857
10 33.2	213.520	211.113	424.880	10 21.3	232.107	234.477	466.854
10 46.5	211.122	213.528	424.881	11 0.2	234.501	232.137	466.865
11 28.9	213.541	211.156	424.887	11 15.1	232.145	234.484	466.842

Bar. 30.07 in.   Ther. 64°.5.   Run + 3.9.   Images 2–3.   Steadiness 2–3.

Sirius.   1883, March 3.

	α				β		
h m	r	r	R	h m	r	r	R
9 36.3	141.958	144.339	286.445	9 44.1	142.147	139.735	282.021
9 59.3	144.338	141.934	286.446	9 50.7	139.738	142.138	282.021
10 7.9	141.942	144.310	286.438	10 16.0	142.138	139.723	282.024
10 36.6	144.286	141.886	286.416	10 26.3	139.722	142.116	282.025

Bar. 30.20 in.   Ther. 66°.5.   Run + 3.6.   Images 2.   Steadiness 2.

α_2 Centauri.   1883, March 3.

	α^1				β^1		
h m	r	r	R	h m	r	r	R
10 55.4	232.129	234.500	466.862	11 7.6	213.538	211.107	424.855
11 31.1	234.550	232.163	466.916	11 20.2	211.156	213.539	424.892

Bar. 30.20 in.   Ther. 66°.0.   Run + 3.4.   Images 2.   Steadiness 2.

Sirius.   1883, March 4.

	β				α		
h m	r	r	R	h m	r	r	R
9 26.3	142.139	139.753	282.017	9 35.2	141.942	144.333	286.423
9 53.0	139.743	142.153	282.043	9 44.1	144.349	141.959	286.464
10 1.2	142.148	139.734	282.036	10 13.2	141.917	144.309	286.420
10 32.6	139.722	142.102	282.032	10 23.2	144.307	141.909	286.429

Bar. 30.12 in.   Ther. 67°.3.   Run + 3.9.

α_2 Centauri.   1883, March 6.

	β^1				α^1		
h m	r	r	R	h m	r	r	R
10 37.4	213.507	211.112	424.860	10 52.6	232.109	234.510	466.853
11 14.0	211.130	213.530	424.862	11 1.6	234.531	232.114	466.869
11 23.7	213.544	211.173	424.911	11 35.8	232.140	234.551	466.886
12 6.4	211.140	213.536	424.837	11 52.0	234.534	232.143	466.859

Bar. 29.92 in.   Ther. 65°.0.   Run + 3.2.

α_2 Centauri.   1883, March 8.

	α				β		
h m	r	r	R	h m	r	r	R
10 33.5	147.637	150.027	297.789	10 42.6	120.258	117.874	238.234
11 5.0	150.022	147.743	297.889	10 51.3	117.906	120.269	238.276
11 19.2	117.626	150.122	297.871	11 40.0	120.289	117.887	238.274
11 58.8	150.015	147.626	297.759	11 49.8	117.877	120.279	238.253

Bar. 30.17 in.   Ther. 60°.0.   Run + 4ᵗ.1.   Images 3.   Steadiness 3–4.

β Centauri.   1883, March 8.

h m	r	r	R
12 14.0	35.757	38.132	73.915
12 28.9	38.141	35.749	73.917

Bar. 30.17 in.   Ther. 60°.0.   Run + 3.0.   Images 3.   Steadiness 3.

α_2 Centauri.   1883, March 27.

	β				α		
h m	r	r	R	h m	r	r	R
11 8.1	120.269	117.884	238.253	11 17.4	147.615	150.015	297.752
11 38.8	117.889	120.271	238.257	11 27.9	150.020	147.623	297.763
11 47.1	120.278	117.885	238.260	12 2.0	147.618	150.018	297.753
12 26.5	117.886	120.284	238.263	12 16.9	150.021	147.631	297.767

Bar. 30.08 in.   Ther. 63°.0.   Run + 4.3.   Images 2.   Steadiness 2.

α_2 Centauri.   1883, April 5.

	α				β		
h m	r	r	R	h m	r	r	R
9 28.3	147.624	150.015	297.762	9 39.5	120.287	117.883	238.271
10 3.0	150.011	147.627	297.763	9 51.5	117.873	120.269	238.244
10 14.8	147.631	150.026	297.783	10 26.5	120.287	117.888	238.278
10 49.9	150.027	147.628	297.780	10 40.9	117.889	120.271	238.263

Bar. 30.14 in.   Ther. 55°.0.   Run + 4.3.   Images 2–3.   Steadiness 2–3.

α_2 Centauri.   1883, April 5.

	α				β		
h m	r	r	R	h m	r	r	R
17 11.8	147.606	150.032	297.722	17 26.0	120.309	117.896	238.273
17 47.0	150.007	147.630	297.728	17 36.8	117.913	120.304	238.286
17 55.0	147.630	150.025	297.748	18 5.2	120.317	117.919	238.312
18 29.5	150.027	147.604	297.738	18 17.9	117.901	120.299	238.279

Bar. 30.09 in.   Ther. 57°.3.   Run + 3.8.   Images 2–3.   Steadiness 2–3.

α_2 Centauri. 1883, April 9.

	β				α		
h m	r	r	R	h m	r	r	R
17 22·4	117·935	120·311	238·317	17 36·0	150·011	147·623	297·723
18 7·6	120·331	117·908	238·316	17 52·8	147·625	150·036	297·755

Bar. 30·23 in. Ther. 50°·3. Run + 4·9. Images 3. Steadiness 3.

α_2 Centauri. 1883, April 11.

	α				β		
h m	r	r	R	h m	r	r	R
17 24·0	150·033	147·623	297·743	17 34·1	117·906	120·309	238·285
18 4·3	147·628	150·017	297·743	17 48·8	120·306	117·916	238·295
18 16·3	150·021	147·632	297·755	18 25·9	117·926	120·301	238·310
18 53·8	147·602	150·020	297·746	18 40·2	120·304	117·900	238·294

Bar. 30·16 in. Ther. 51°·3. Run + 3·9. Images 1–2. Steadiness 2–3.

α_2 Centauri. 1883, April 15.

	β				α		
h m	r	r	R	h m	r	r	R
10 25·5	120·307	117·901	238·309	10 37·1	147·628	150·008	297·759
10 57·8	117·895	120·324	238·319	10 46·6	150·017	147·624	297·763
11 5·8	120·301	117·904	238·305	11 18·2	147·615	150·021	297·757
11 39·5	117·897	120·293	238·287	11 29·9	150·007	147·643	297·770

Bar. 30·13 in. Ther. 66°·3. Run + 3·4. Images 2. Steadiness 2.

α_2 Centauri. 1883, April 15.

	β				α		
h m	r	r	R	h m	r	r	R
17 13·0	120·306	117·928	238·301	17 29·2	147·622	150·026	297·735
17 54·6	117·924	120·329	238·325	17 42·3	150·041	147·626	297·756

Bar. 30·08 in. Ther. 62°·3. Run + 3·6. Images 2–3. Steadiness 3.

α_2 Centauri. 1883, April 16.

	α				β		
h m	r	r	R	h m	r	r	R
11 12·7	150·019	147·625	297·767	11 21·9	117·894	120·400	238·393
11 44·9	147·621	150·031	297·770	11 32·4	120·302	117·915	238·315

Bar. 30·06 in. Ther. 62°·0. Run + 4·4.

α_2 Centauri.   1883, April 23.

	α				β		
h m	r	r	R	h m	r	r	R
9 50·6	150·006	147·611	297·741	10 2·0	117·899	120·284	238·284
10 21·5	147·621	150·019	297·765	10 11·8	120·286	117·890	238·277
10 29·2	150·006	147·628	297·759	10 39·5	117·897	120·288	238·287
10 56·8	147·612	150·031	297·767	10 49·4	120·294	117·905	238·300

Bar. 29·95.   Ther. 56°·8.   Run + 4·3.   Images 1–2.   Steadiness 2–3.

α_2 Centauri.   1883, April 23.

	α				β		
h m	r	r	R	h m	r	r	R
18 58·3	149·994	147·592	297·710	19 9·5	117·899	120·293	238·296
19 30·9	147·579	149·992	297·728	19 20·5	120·303	117·899	238·315
19 41·2	149·988	147·592	297·751	19 49·9	117·894	120·286	238·321
20 9·4	147·536	149·952	297·706	19 59·0	120·284	117·873	238·310

Bar. 29·87.   Ther. 57°·0.   Run + 4·4.   Images 2.   Steadiness 2.

α_2 Centauri.   1883, April 28.

	β				α		
h m	r	r	R	h m	r	r	R
17 53·8	117·910	120·309	238·292	18 3·1	150·000	147·624	297·720
18 23·5	120·315	117·939	238·336	18 13·5	147·620	150·005	297·725
18 34·7	117·924	120·324	238·335	18 44·3	150·009	147·611	297·736
19 4·7	120·310	117·916	238·328	18 55·9	147·597	150·003	297·725

Bar. 30·18.   Ther. 56°·0.   Run + 2·5.   Images 1–2.   Steadiness 2.

Lacaille 9352.   1883, April 28.

	α				β		
h m	r	r	R	h m	r	r	R
19 19·7	264·300	266·680	531·253	19 27·2	172·008	169·616	341·800
19 46·1	266·721	264·340	531·293	19 34·8	169·641	172·020	341·829
19 56·6	264·318	266·741	531·279	20 5·0	172·051	169·643	341·836
20 22·9	266·718	264·323	531·237	20 13·7	169·662	172·041	341·838

Bar. 30·18.   Ther. 56°·0.   Run + 5·9.

Sirius.   1883, April 30.

	α				β		
h m	r	r	R	h m	r	r	R
10 5·1	144·320	141·927	286·432	10 14·4	139·734	142·135	282·042
10 34·1	141·918	144·308	286·467	10 24·5	142·120	139·730	282·038
10 39·8	144·303	141·876	286·437	10 48·3	139·717	142·120	282·071
11 4·9	141·858	144·227	286·433	10 56·1	142·096	139·725	282·077

Bar. 30·14.   Ther. 58°·3.   Run + 3·6.   Images 2–3.   Steadiness 3.

Lacaille 9352.   1883, April 30.

β				α				
h m	r	r	R	h m	r	r	R
18 49·5	171·990	169·602	341·828	19 1·6	264·287	266·665	531·265
19 24·0	169·623	172·004	341·808	19 13·6	266·682	264·322	531·292
19 30·6	172·008	169·615	341·797	19 40·2	264·290	266·707	531·240
19 58·1	169·628	172·043	341·821	19 50·7	266·697	264·337	531·264

Bar. 30·09.   Ther. 49·5°.   Run + 5·8.   Images 2.   Steadiness 2.

Sirius.   1883, May 1.

β				α			
h m	r	r	R	h m	r	r	R
9 46·0	142·166	139·777	282·085	9 54·3	141·929	144·336	286·435
10 16·0	139·743	142·137	282·054	10 3·1	144·320	(142·221)	(286·721)
10 25·0	142·137	139·745	282·070	10 33·6	141·902	144·256	286·397
10 55·2	139·712	142·110	282·072	10 43·5	144·298	141·898	286·460

Bar. 30·08.   Ther. 60·8°.   Run + 3·6.   Images 2–3.   Steadiness 2–3.

Sirius.   1883, May 8.

α				β			
h m	r	r	R	h m	r	r	R
9 8·0	141·958	144·357	286·441	9 15·8	142·150	139·765	282·034
9 32·2	144·341	141·958	286·443	9 23·1	139·770	142·156	282·049

Bar. 30·05.   Ther. 67·0°.   Run + 3·2.   Images 1.   Steadiness 2.

Sirius.   1883, May 12.

β				α			
h m	r	r	R	h m	r	r	R
9 6·0	142·155	139·762	282·035	9 19·3	141·973	144·319	286·431
9 44·0	139·757	142·150	282·050	9 29·9	144·311	141·949	286·407
9 54·7	142·134	139·756	282·043	10 5·6	141·916	144·331	286·436
10 25·5	139·736	142·114	282·042	10 16·9	144·302	141·923	286·433

Bar. 30·35.   Ther. 54·5°.   Run + 3·9.

α₂ Centauri.   1883, May 12.

α				β			
h m	r	r	R	h m	r	r	R
11 32·2	149·968	147·614	297·707	11 37·1	117·908	120·322	238·332
11 51·7	147·608	150·031	297·761	11 44·2	120·308	117·930	238·339
11 58·3	150·003	147·631	297·755	12 5·9	117·917	120·300	238·315
12 25·1	147·593	150·000	297·711	12 14·8	120·310	117·933	238·340

Bar. 30·35.   Ther. 50·3°.   Run + 4·5.   Images 1–2.   Steadiness 3.

α_2 Centauri.   1883, May 12.

	α				β		
h m	r	r	R	h m	r	r	R
17 25·3	149·977	147·607	297·674	17 36·0	117·942	120·331	238·345
17 57·4	147·635	149·991	297·722	17 47·4	120·336	117·962	238·372
18 11·2	150·004	147·624	297·730	18 22·7	117·956	120·336	238·376
18 46·4	147·606	149·981	297·707	18 35·0	120·345	117·934	238·369

Bar. 30·33 in.   Ther. 45°·0.   Run + 6·6.   Images 1–2.   Steadiness 2–3.

Lacaille 9352.   1883, May 12.

	α				β		
h m	r	r	R	h m	r	r	R
19 8·1	266·709	264·311	531·323	19 17·9	169·609	171·986	341·788
19 41·0	264·321	266·721	531·287	19 27·5	172·002	169·642	341·824
19 51·7	266·720	264·295	531·246	20 2·3	169·617	172·013	341·777
20 33·8	264·349	266·736	531·276	20 11·7	172·027	169·629	341·797

Bar. 30·30 in.   Ther. 46°·0.   Run + 6·6.   Images 1–2.   Steadiness 2.

Sirius.   1883, May 13.

	β				α		
h m	r	r	R	h m	r	r	R
9 2·1	142·141	139·747	282·002	9 8·3	141·963	144·347	286·438
9 21·3	139·756	142·158	282·038	9 14·4	144·361	141·961	286·454

Bar. 30·15 in.   Ther. 58°·5.   Run + 4·9.   Images 1–2.   Steadiness 1–2.

Sirius.   1883, May 19.

	α				β		
h m	r	r	R	h m	r	r	R
9 26·3	144·375	141·950	286·471	9 34·5	139·735	142·200	282·071
9 50·8	141·923	144·364	286·456	9 42·5	142·162	139·748	282·052
9 57·2	144·370	141·905	286·452	10 6·0	139·738	142·170	282·073
10 27·5	141·890	144·336	286·456	10 15·4	142·159	139·711	282·047

Bar. 30·22 in.   Ther. 51°·8.   Run + 4·8.   Images 2.   Steadiness 2.

α_2 Centauri.   1883, May 19.

	β				α		
h m	r	r	R	h m	r	r	R
11 10·1	120·344	117·930	238·378	11 18·2	147·601	150·026	297·753
11 39·9	117·911	120·344	238·356	11 29·7	150·027	147·582	297·734
11 47·3	120·319	117·904	238·323	11 55·4	147·598	150·026	297·745
12 19·0	117·892	120·355	238·343	12 8·8	150·015	147·595	297·730

Bar. 30·23 in.   Ther. 49°·0.   Run + 3·4.   Images 2.   Steadiness 2.

Lacaille 9352.   1883, May 19.

	β				α		
h m	r	r	R	h m	r	r	R
19 31·4	172·018	169·594	341·790	19 41·7	264·309	266·734	531·290
20 2·2	169·606	172·043	341·798	19 53·6	266·767	264·326	531·324
20 9·7	172·037	169·617	341·797	20 25·6	264·333	266·775	531·308
20 49·0	169·603	172·041	341·765	20 41·0	266·785	264·331	531·304

in
Bar. 30·23.   Ther. 41·0.   Run + 5·3.

Sirius.   1883, May 20.

	β				α		
h m	r	r	R	h m	r	r	R
9 36·4	142·172	139·724	282·031	9 46·8	141·923	144·348	286·434
10 7·8	139·725	142·157	282·046	9 54·4	144·368	141·912	286·452
10 17·7	142·149	139·689	282·016	10 25·7	141·895	144·319	286·438
10 45·9	139·691	142·136	282·057	10 34·4	144·316	141·869	286·429

in
Bar. 30·00.   Ther. 53·0.   Run + 3·3.   Images 2–3.   Steadiness 2–3.

α_2 Centauri.   1883, May 23.

	β				α		
h m	r	r	R	h m	r	r	R
9 46·6	120·339	117·893	238·333	10 0·2	147·608	150·000	297·732
10 18·5	117·909	120·321	238·333	10 10·3	150·001	147·596	297·721
10 26·3	120·350	117·921	238·374	10 38·2	147·591	150·032	297·748
10 57·3	117·903	120·347	238·352	10 47·8	150·035	147·591	297·750

in
Bar. 30·05.   Ther. 55·3.   Run + 4·3.   Images 2.   Steadiness 3.

α_2 Centauri.   1883, May 23.

	β				α		
h m	r	r	R	h m	r	r	R
16 49·9	120·379	117·929	238·376	16 59·5	147·598	150·036	297·718
17 20·4	117·948	120·364	238·381	17 11·3	150·031	147·622	297·740
17 28·5	120·363	117·937	238·370	17 37·7	147·602	150·036	297·728
17 55·4	117·949	120·363	238·386	17 47·3	150·026	147·595	297·713

in
Bar. 29·98.   Ther. 49·0.   Run + 4·7.

α_2 Centauri.   1883, May 28.

	α^1				β^1		
h m	r	r	R	h m	r	r	R
17 9·9	234·535	232·095	466·816	17 19·7	211·211	213·649	425·031
17 47·7	232·103	234·477	466·802	17 31·3	213·635	211·227	425·042
17 59·2	234·493	232·090	466·818	18 10·2	211·207	213·622	425·044
18 30·4	232·044	234·476	466·794	18 19·8	213·614	211·195	425·035

in
Bar. 29·96.   Ther. 57·0.   Run + 5·3.   Images 1–2.   Steadiness 1–2.

α_2 Centauri. 1883, May 29.

β^1 | α^1

h	m	r	r	R	h	m	r	r	R
16	58.2	213.654	211.208	425.023	17	19.3	232.104	234.490	466.792
17	48.5	211.218	213.625	425.041	17	34.6	234.503	232.107	466.824

Bar. 30.34 in.   Ther. 52°.0.   Run + 5.1.   Images 1–2.   Steadiness 1–2.

α_2 Centauri. 1883, May 30.

α^1 | β^1

h	m	r	r	R	h	m	r	r	R
10	23.3	234.469	232.064	466.807	10	33.1	211.182	213.619	425.053
10	56.1	232.070	234.491	466.797	10	43.2	213.609	211.160	425.008
11	6.7	234.530	232.088	466.839	11	16.4	211.216	213.644	425.065
11	41.2	232.096	234.526	466.817	11	28.0	213.609	211.236	425.039

Bar. 30.15 in.   Ther. 56°.5.   Run + 4.0.

α_2 Centauri. 1883, May 30.

α^1 | β^1

h	m	r	r	R	h	m	r	r	R
17	16.9	234.522	232.151	466.859	17	27.5	211.241	213.623	425.042
17	47.2	232.072	234.504	466.799	17	39.2	213.629	211.161	424.978
17	55.7	234.493	232.012	466.738	18	12.1	211.131	213.638	424.988
18	34.0	232.060	234.508	466.850	18	21.8	213.628	211.197	425.055

Bar. 30.05 in.   Ther. 55°.0.   Run + 3.9.

α_2 Centauri. 1883, June 4.

α^1 | β^1

h	m	r	r	R	h	m	r	r	R
10	39.2	232.097	234.498	466.855	10	50.1	213.632	211.204	425.072
11	9.5	234.510	232.073	466.809	10	58.9	211.189	213.619	425.034
11	21.7	232.099	234.462	466.776	11	30.6	213.660	211.251	425.106
11	51.7	234.522	232.092	466.805	11	41.7	211.211	213.630	425.026

Bar. 30.25 in.   Ther. 49°.8.   Run + 5.4.

α_2 Centauri. 1883, June 10.

β^1 | α^1

h	m	r	r	R	h	m	r	r	R
10	53.5	211.233	213.616	425.081	10	59.6	234.452	232.059	466.746
11	15.1	213.630	211.187	425.026	11	6.8	232.051	234.484	466.763
11	20.9	211.190	213.625	425.018	11	29.2	234.508	232.078	466.794
11	45.4	213.653	211.225	425.061	11	37.7	232.094	234.543	466.837

Bar. 30.34 in.   Ther. 52°.5.   Run + 4.8.   Images 2.   Steadiness 2.

α_2 Centauri.   1883, June 10.

	β^1				α^1		
h m	r	r	R	h m	r	r	R
18 3·2	211·202	213·663	425·081	18 10·1	234·500	232·048	466·805
18 28·4	213·604	211·202	425·050	18 18·4	232·034	234·498	466·800
18 38·2	211·171	213·609	425·035	18 46·0	234·414	232·020	466·743
19 1·0	213·636	211·131	425·053	18 54·1	232·060	234·482	466·865

Bar. 30·15 in.   Ther. 42°·3.   Run + 4'·4.   Images 2–3.   Steadiness 2–3.

α_2 Centauri.   1883, June 13.

	α^1				β^1		
h m	r	r	R	h m	r	r	R
11 10·4	232·075	234·515	466·817	11 16·8	213·631	211·210	425·051
11 32·5	234·476	232·094	466·778	11 23·4	211·237	213·644	425·085
11 39·9	232·084	234·495	466·781	11 46·5	213·652	211·239	425·075
12 1·5	234·494	232·114	466·793	11 53·7	211·233	213·665	425·077

Bar. 30·37 in.   Ther. 45°·8.   Run + 4'·1.   Images 1.   Steadiness 2.

α_2 Centauri.   1883, June 13.

	α^1				β^1		
h m	r	r	R	h m	r	r	R
17 53·0	232·106	234·471	466·817	17 59·9	213·655	211·241	425·113
18 17·0	234·485	232·053	466·810	18 9·2	211·203	213·649	425·078
18 22·8	232·050	234·472	466·802	18 31·6	213·620	211·211	425·083
18 55·3	234·437	232·026	466·794	18 41·5	211·213	213·634	425·111

Bar. 30·37 in.   Ther. 37°·5.   Run + 4'·8.   Images 1.   Steadiness 1–2.

α_2 Centauri.   1883, June 18.

	β^1				α^1		
h m	r	r	R	h m	r	r	R
11 20·2	211·212	213·622	425·040	11 25·4	234·478	232·058	466·749
11 39·4	213·659	211·243	425·091	11 32·6	232·078	234·487	466·771
11 43·4	211·234	213·646	425·066	11 50·5	234·515	232·091	466·798
12 7·9	213·657	211·242	425·067	11 59·6	232·084	234·503	466·772

Bar. (30·32) in.   Ther. 48°·5.   Run + 4'·0.   Images 1–2.   Steadiness 2–3.

α_2 Centauri.   1883, June 19.

	α^1				β^1		
h m	r	r	R	h m	r	r	R
11 27·6	232·095	234·510	466·814	11 37·3	213·622	211·248	425·059
11 49·1	234·490	232·083	466·765	11 43·3	211·235	213·653	425·073
11 56·2	232·114	234·526	466·827	12 3·2	213·669	211·247	425·086
12 17·5	234·522	232·088	466·782	12 10·8	211·253	213·656	425·074

Bar. 30·24 in.   Ther. 51°·5.   Run + 3'·5.   Images 1–2.   Steadiness 2.

α_2 Centauri. 1883, June 19.

α^1

h	m	r	r	R
17	35·2	232·069	234·487	466·769
17	58·7	234·497	232·116	466·852
18	4·1	232·067	234·482	466·795
18	30·0	234·463	232·035	466·778

β^1

h	m	r	r	R
17	41·6	213·669	211·254	425·115
17	49·8	211·210	213·674	425·084
18	10·5	213·652	211·251	425·124
18	19·0	211·234	213·616	425·079

Bar. 30·30 in. Ther. 52°·3. Run + 4·2. Images 2. Steadiness 2.

α_2 Centauri. 1883, June 20.

β^1

h	m	r	r	R
17	53·9	211·229	213·628	425·060
18	13·2	213·638	211·198	425·058
18	19·6	211·222	213·619	425·071
18	50·0	213·629	211·228	425·124

α^1

h	m	r	r	R
18	0·3	234·486	232·059	466·786
18	7·3	232·066	234·482	466·797
18	27·5	234·463	232·006	466·745
18	37·5	232·043	234·479	466·813

Bar. 30·37 in. Ther. 55°·0. Run + 4·0.

Lacaille 9352. 1883, September 13.

α

h	m	r	r	R
18	46·0	266·793	264·346	531·494
19	12·8	264·402	266·794	531·488
19	22·0	266·804	264·394	531·472
19	55·0	264·429	266·838	531·492

β

h	m	r	r	R
18	53·7	169·513	171·933	341·675
19	3·5	171·954	169·531	341·698
19	31·9	169·543	171·970	341·687
19	43·0	171·967	169·554	341·684

Bar. 30·44 in. Ther. 52°·5. Run + 6·0. Images 2. Steadiness 2.

Lacaille 9352. 1883, September 14.

β

h	m	r	r	R
18	41·2	171·952	169·509	341·714
19	6·7	169·513	171·949	341·669

α

h	m	r	r	R
18	49·5	264·327	266·800	531·472
18	59·0	266·793	264·395	531·509

Bar. 30·34 in. Ther. 53°·0. Run + 6·1. Images 2. Steadiness 2.

Lacaille 9352. 1883, September 14.

β

h	m	r	r	R
2	39·5	171·963	169·546	341·662
3	21·1	169·517	171·976	341·680
3	31·3	171·981	169·517	341·695
4	7·4	169·519	171·937	341·702

α

h	m	r	r	R
2	56·4	264·391	266·818	531·478
3	11·9	266·832	264·382	531·502
3	41·3	264·396	266·807	531·537
3	56·0	266·822	264·375	531·564

Bar. 30·25 in. Ther. 47°·8. Run + 5·6. Images 2–3. Steadiness 2–3.

Lacaille 9352. 1883, September 16.

α				β			
h m	r	r	R	h m	r	r	R
18 32·1	266·744	264·372	531·509	18 57·8	169·550	171·937	341·706
19 12·8	264·394	266·797	531·478	19 6·3	171·922	169·516	341·644
19 20·9	266·812	264·378	531·463	19 31·3	169·516	171·952	341·640
19 47·7	264·386	266·855	531·472	19 39·3	171·977	169·561	341·702

Bar. 30·13 in.   Ther. 54°·5.   Run + 5·2.   Images 2–3.   Steadiness 2–3.

Lacaille 9352. 1883, September 19.

β				α			
h m	r	r	R	h m	r	r	R
18 30·6	171·901	169·485	341·665	18 42·2	264·346	266·776	531·488
19 1·6	169·518	171·905	341·638	18 52·5	266·771	264·366	531·474
19 11·8	171·947	169·552	341·698	19 20·2	264·380	266·778	531·436
19 52·6	169·554	171·953	341·662	19 42·0	266·843	264·461	531·546

Bar. 30·35 in.   Ther. 52°·5.   Run + 6·8.

Lacaille 9352. 1883, September 19.

β				α			
h m	r	r	R	h m	r	r	R
2 30·2	171·967	169·551	341·664	2 44·5	264·387	266·818	531·456
2 32·0	169·543	171·969	341·661	3 5·5	266·845	264·415	531·537

Bar. 30·27 in.   Ther. 52°·8.   Run + 6·4.   Images 3.   Steadiness 3.

Lacaille 9352. 1883, September 20.

β				α			
h m	r	r	R	h m	r	r	R
18 43·9	171·926	169·512	341·682	18 54·8	264·368	266·798	531·492
19 11·2	169·520	171·975	341·692	19 3·7	266·790	264·399	531·494
19 22·2	171·947	169·538	341·667	19 32·7	264·435	266·815	531·501
19 55·6	169·551	171·961	341·661	19 43·3	266·813	264·428	531·477

Bar. 30·13 in.   Ther. 56°·0.   Run + 6·4.   Images 2.   Steadiness 2.

Lacaille 9352. 1883, September 20.

β				α			
h m	r	r	R	h m	r	r	R
2 30·0	171·987	169·547	341·680	2 41·1	264·422	266·816	531·483
3 0·4	169·547	171·980	341·693	2 53·1	266·828	264·429	531·517
3 7·1	171·992	169·507	341·671	3 19·9	264·392	266·812	531·497
3 40·1	169·495	171·950	341·649	3 31·5	266·836	264·398	531·547

Bar. 30·13 in.   Ther. 53°·8.   Run + 5·7.   Images 2.   Steadiness 2.

Lacaille 9352. 1883, September 24.

	β				α		
h m	r	r	R	h m	r	r	R
18 52·8	171·927	169·510	341·665	19 5·4	264·337	266·802	531·442
19 25·2	169·508	171·958	341·645	19 14·5	266·801	264·367	531·453
19 33·5	171·958	169·544	341·672	19 45·8	264·385	266·816	531·436
20 2·4	169·534	171·942	341·621				

Bar. 30·30 in. Ther. 56°·0. Run + 6·1.

Lacaille 9352. 1883, September 24.

	β				α		
h m	r	r	R	h m	r	r	R
2 32·6	171·972	169·533	341·656	2 41·8	264·431	266·820	531·502
3 0·9	169·515	171·954	341·640	2 52·1	266·828	264·411	531·502
3 10·1	171·948	169·519	341·646	3 21·2	264·369	266·822	531·494
3 42·3	169·509	171·949	341·668	3 31·5	266·793	264·384	531·495

Bar. 30·32 in. Ther. 46°·3. Run + 5·2. Images 1–2. Steadiness 1–2.

Lacaille 9352. 1883, September 25.

	α				β		
h m	r	r	R	h m	r	r	R
18 52·3	266·780	264·361	531·473	18 57·4	169·514	171·933	341·666
19 13·3	264·386	266·808	531·478	19 3·4	171·955	169·502	341·666
19 18·1	266·838	264·414	531·528	19 24·9	169·528	171·962	341·668
19 40·5	264·376	266·842	531·458	19 31·7	171·953	169·524	341·648

Bar. 30·30 in. Ther. 59°·0. Run + 5·6. Images 2–3. Steadiness 2–3.

Lacaille 9352. 1883, September 25.

	α				β		
h m	r	r	R	h m	r	r	R
2 50·7	266·870	264·345	531·470	3 6·2	169·546	171·996	341·712
3 35·0	264·420	266·823	531·559	3 21·5	171·945	169·518	341·646

Bar. 30·15 in. Ther. 56°·8. Run + 7·7. Images 3. Steadiness 2.

Lacaille 9352. 1883, September 29.

	β				α		
h m	r	r	R	h m	r	r	R
2 29·5	171·984	169·549	341·683	2 39·5	264·417	266·843	531·511
3 4·1	169·523	171·929	341·623	2 50·6	266·838	264·414	531·515
3 11·6	171·964	169·543	341·688	3 21·9	264·407	266·803	531·516
3 42·5	169·524	171·956	341·692	3 32·8	266·841	264·335	531·499

Bar. 30·39 in. Ther. 43°·5. Run + 6·6. Images 2–3. Steadiness 2–3.

Lacaille 9352.   1883, September 30.

	β					α		
h	m	r	r	R	h	m	r	r	R
19	21·4	169·505	171·941	341·633	19	29·3	266·852	264·417	531·530
19	41·9	171·932	169·534	341·630	19	35·3	264·385	266·821	531·458

Bar. 30·44 in.   Ther. 52°·8.   Run + 5·7.   Images 3.   Steadiness 3.

Lacaille 9352.   1883, October 3.

	β					α		
h	m	r	r	R	h	m	r	r	R
19	29·8	171·971	169·531	341·672	19	42·9	264·430	266·877	531·538
19	56·3	169·510	171·962	341·618	19	50·4	266·851	264·429	531·504
20	0·8	171·953	169·504	341·599	20	8·4	264·397	266·892	531·494
20	21·5	169·543	171·985	341·657	20	14·9	266·889	264·418	531·505

Bar. 30·00 in.   Ther. 62°·4.   Run + 4·9.   Images 3.   Steadiness 3.

Lacaille 9352.   1883, October 3.

	β					α		
h	m	r	r	R	h	m	r	r	R
1	26·3	171·978	169·537	341·633	1	35·3	264·429	266·907	531·529
1	54·3	169·537	171·976	341·640	1	44·0	266·887	264·432	531·517
2	2·0	171·998	169·536	341·665	2	11·1	264·423	266·898	531·538
2	27·4	169·542	171·976	341·660	2	19·8	266·906	264·454	531·584

Bar. 29·96 in.   Ther. 53°·8.   Run + 6·1.   Images 1–2.   Steadiness 2.

Lacaille 9352.   1883, October 5.

	α					β		
h	m	r	r	R	h	m	r	r	R
19	52·5	266·862	264·414	531·501	20	2·4	169·515	171·985	341·644
20	15·6	264·429	266·863	531·493	20	9·6	171·966	169·522	341·627
20	21·1	266·911	264·414	531·522	20	28·7	169·515	171·984	341·627
20	47·9	264·402	266·886	531·467	20	37·7	172·003	169·543	341·669

Bar. 30·32 in.   Ther. 57°·5.   Run + 6·2.   Images 3.   Steadiness 3.

Lacaille 9352.   1883, October 5.

	α					β		
h	m	r	r	R	h	m	r	r	R
1	32·9	266·897	264·422	531·512	1	42·8	169·552	172·012	341·688
2	1·6	264·399	266·864	531·474	1	52·3	171·993	169·556	341·676
2	13·8	266·860	264·394	531·474	2	25·0	169·544	171·993	341·679
3	9·0	264·340	266·819	531·438	2	41·0	172·006	169·505	341·663

Bar. (30·32) in.   Ther. 57°·3.   Run + 6·6.   Images 2–3.   Steadiness 2–3.

	Lacaille 9352.			1883, October 12.			
	β			α			
h m	r	r	R	h m	r	r	R
1 33·0	171·991	169·527	341·641	1 42·1	264·424	266·890	531·515
2 2·7	169·516	171·999	341·650	1 50·3	266·890	264·433	531·530
2 9·5	171·974	169·524	341·635	2 23·2	264·429	266·860	531·521
2 45·5	169·520	171·950	341·627	2 36·5	266·860	264·408	531·512

Bar. 30·15 in.   Ther. 47°·0.   Run + 7·3.   Images 2.   Steadiness 2.

	Lacaille 9352.			1883, October 14.			
	α			β			
h m	r	r	R	h m	r	r	R
2 8·9	264·407	266·883	531·504	2 18·2	172·002	169·518	341·658
2 33·5	266·879	264·416	531·530	2 25·5	169·520	171·985	341·646
2 41·5	264·415	266·883	531·541	2 51·3	171·975	169·549	341·681
3 9·3	266·867	264·367	531·510	2 59·6	169·485	171·990	341·639

Bar. 30·07 in.   Ther. 58°·0.   Run + 5·6.

	ε Indi.			1883, October 21.			
	α			β			
h m	r	r	R	h m	r	r	R
0 47·6	84·355	81·923	166·349	0 54·5	101·050	103·523	204·655
1 9·3	81·928	84·370	166·376	1 2·0	103·510	101·084	204·679
1 16·3	84·352	81·924	166·357	1 25·6	101·052	103·531	204·679
1 46·3	81·920	84·350	166·364	1 37·0	103·550	101·101	(204·753)

Bar. 30·17 in.   Ther. 54°·5.   Run + 3·8.   Images 2–3.   Steadiness 3.

	ε Indi.			1883, October 22.			
	β			α			
h m	r	r	R	h m	r	r	R
0 44·6	103·513	101·092	204·683	0 52·5	81·928	84·362	166·362
1 5·9	103·516	101·098	204·701	1 15·0	81·936	84·367	166·383
1 22·3	103·497	101·086	204·678	1 29·3	81·908	84·355	166·349
1 40·9	101·071	103·491	204·666	1 35·1	84·345	81·927	166·360

Bar. 30·07 in.   Ther. 54°·0.   Run + 4·4.   Images 2.   Steadiness 2–3.

	ε Indi.			1883, October 28.			
	α			β			
h m	r	r	R	h m	r	r	R
0 53·9	84·345	81·941	166·358	1 5·9	101·065	103·548	204·699
1 40·1	81·911	84·354	166·354	1 24·3	103·529	101·091	204·715

Bar. 30·27 in.   Ther. 62°·3.   Run + 5·3.   Images 3.   Steadiness 3.

ε Indi. 1883, October 29.

α				β			
h m	r	r	R	h m	r	r	R
1 1·7	81·939	84·367	166·379	1 11·5	103·522	101·080	204·689
1 37·0	84·376	81·940	166·403	1 23·5	101·059	103·521	204·672
1 45·7	81·924	84·358	166·372	2 0·1	103·514	101·057	204·684
2 26·8	84·342	81·917	166·372	2 12·7	101·069	103·465	204·657

Bar. 30·04 in.   Ther. 66°·5.   Run + 5·0.   Images 2–3.   Steadiness 2–3.

ε Indi. 1883, November 6.

β				α			
h m	r	r	R	h m	r	r	R
1 31·2	101·055	103·480	204·634	1 42·4	84·353	81·937	166·382
2 6·7	103·515	101·046	204·683	1 54·1	81·929	84·336	166·362
2 14·3	101·059	103·484	204·670	2 23·9	84·355	81·876	166·345
2 44·2	103·466	101·045	204·664	2 34·3	81·917	84·332	166·370

Bar. 30·20 in.   Ther. 54°·0.   Run + 4·7.   Images 1–2.   Steadiness 2.

ELKIN'S
HELIOMETER OBSERVATIONS.

HELIOMETER OBSERVATIONS FOR STELLAR PARALLAX.

MR. ELKIN'S OBSERVATIONS.

α_2 Centauri.   1881, March 7.

	a				b		
h m	r	r	R	h m	r	r	R
8 38·6	194·269	192·192	386·569	9 2·0	243·136	241·170	484·442
8 49·9	192·257	194·288	386·651	9 10·8	241·148	243·191	484·473
9 40·9	194·234	192·248	386·589	9 24·2	243·170	241·146	484·448
9 47·8	192·275	194·260	386·643	9 30·6	241·149	243·151	484·431

Bar. 30·01 in.   Ther. 69°·9.   Run + 2·6.   Images 2.   Steadiness 2.

ζ Tucanae.   1881, March 11.

	a				b		
h m	r	r	R	h m	r	r	R
7 29·0	195·577	197·550	393·448	7 44·9	200·613	202·699	403·697
7 35·3	197·596	195·560	393·501	7 54·0	202·655	200·672	403·759
8 26·1	195·407	197·515	393·542	8 8·9	200·616	202·680	403·818
8 33·9	197·455	195·362	393·495	8 16·8	202·659	200·637	403·872

Bar. 29·97 in.   Ther. 70°·4.   Run + 4·2.   Images 2.   Steadiness 2–3.   F.P. 9·58.

Sirius.   1881, March 11.

	a				b		
h m	r	r	R	h m	r	r	R
9 38·3	194·951	196·915	391·996	9 20·3	191·658	193·645	385·427
9 46·3	196·860	194·904	391·897	9 27·5	193·646	191·623	385·396
9 56·8	194·981	196·859	391·977	10 11·8	191·587	193·596	385·333
10 2·5	196·918	194·835	391·894	10 19·4	193·657	191·580	385·394

Bar. 29·98 in.   Ther. 73°·0.   Run + 3·4.   Images 2.   Steadiness 2.   F.P. 9·58.

α_2 Centauri.   1881, March 11.

	a				b		
h m	r	r	R	h m	r	r	R
10 47·8	192·185	194·216	386·519	11 18·5	241·065	243·094	484·304
10 56·6	194·253	192·201	386·574	11 27·8	243·091	241·042	484·281
12 11·0	192·173	194·178	386·482	11 40·5	241·074	243·089	484·313
12 16·1	194·140	192·136	386·457	11 46·1	243·101	241·047	484·299

Bar. 29·98 in.   Ther. 71°·7.   Run + 3·9.   Images 2.   Steadiness 2.   F.P. 9·58.

ζ Tucanae. 1881, March 12.

	b				a		
h m	r	r	R	h m	r	r	R
7 15·3	200·704	202·712	403·690	7 28·6	195·553	197·611	393·487
7 20·4	202·768	200·766	403·825	7 35·1	197·630	195·489	393·466
8 2·2	200·559	202·624	403·667	7 45·5	195·475	197·478	393·344
8 9·7	202·581	200·628	403·741	7 52·6	197·506	195·491	393·422

Bar. 30·04 in. Ther. 65°·4. Run + 2·9. Images 3. Steadiness 3. F.P. 9·58.

Sirius. 1881, March 12.

	a				b		
h m	r	r	R	h m	r	r	R
9 36·8	194·932	196·896	391·960	9 52·9	191·668	193·595	385·403
9 43·9	196·910	194·850	391·893	10 2·2	193·581	191·569	385·296
10 29·0	194·895	196·875	391·933	10 13·1	191·619	193·618	385·390
10 35·6	196·844	194·850	391·864	10 19·9	193·609	191·607	385·375

Bar. 30·05 in. Ther. 65°·6. Run + 3·9. Images 2–3. Steadiness 3. F.P. 9·58.

e Eridani. 1881, March 16.

	a				b		
h m	r	r	R	h m	r	r	R
7 57·7	254·545	256·614	511·360	8 14·0	268·129	270·213	538·541
8 4·8	256·584	254·501	511·287	8 20·8	270·240	268·131	538·571
8 50·1	254·527	256·583	511·319	8 32·5	268·145	270·202	538·548
8 56·9	256·579	254·507	511·295	8 40·4	270·207	268·140	538·548

Bar. 30·15 in. Ther. 58°·8. Run + 3·0. Images 1. Steadiness 2. F.P. 9·70.

Sirius. 1881, March 16.

	b				a		
h m	r	r	R	h m	r	r	R
9 26·8	191·614	193·670	385·415	9 45·6	194·857	196·880	391·874
9 35·0	193·671	191·638	385·443	9 53·4	196·917	194·865	391·922
10 20·9	191·591	193·657	385·410	10 4·3	194·822	196·910	391·879
10 27·6	193·630	191·629	385·428	10 10·6	196·916	194·814	391·881

Bar. 30·16 in. Ther. 56°·7. Run + 0·5. Images 1. Steadiness 2. F.P. 9·70.

α_2 Centauri. 1881, March 17.

	b				a		
h m	r	r	R	h m	r	r	R
9 5·6	241·042	243·080	484·260	9 20·4	192·132	194·131	386·371
9 11·6	243·154	241·056	484·347	9 27·9	194·193	192·197	386·499
9 58·0	241·089	243·096	484·320	9 38·3	192·158	194·252	386·520
10 4·7	243·102	241·056	484·294	9 46·9	194·250	192·136	386·497

Bar. 30·18 in. Ther. 60°·4. Run + 2·7. Images 2. Steadiness 3. F.P. 9·70.

Canopus. 1881, March 17.

	b				a		
h m	r	r	R	h m	r	r	R
10 43.3	45.323	47.369	92.751	11 1.4	52.699	54.797	107.574
10 50.7	47.377	45.305	92.743	11 9.3	54.811	52.735	107.629
11 45.2	45.326	47.394	92.801	11 26.7	52.736	54.778	107.607
11 52.1	47.328	45.294	92.706	11 35.9	54.788	52.752	107.639

Bar. 30.17 in. Ther. 60°.4. Run + 3.3. Images 2–3. Steadiness 2–3. F.P. 9.70.

Sirius. 1881, March 18.

	a				b		
h m	r	r	R	h m	r	r	R
8 50.1	196.880	194.864	391.863	9 13.2	193.675	191.605	385.406
8 56.4	194.867	196.912	391.899	9 20.3	191.613	193.700	385.441
9 45.6	196.913	194.854	391.904	9 30.1	193.666	191.612	385.409
9 53.9	194.899	196.936	391.975	9 36.8	191.612	193.677	385.424

Bar. 30.05 in. Ther. 56°.9. Run + 1.5. Images 1. Steadiness 2. F.P. 9.70.

α_2 Centauri. 1881, March 19.

	a				b		
h m	r	r	R	h m	r	r	R
9 53.9	194.193	192.142	386.446	10 7.9	243.113	241.046	484.295
9 59.9	192.136	194.221	386.470	10 14.5	241.048	243.145	484.330
10 41.7	194.207	192.199	386.527	10 25.7	243.095	241.063	484.296
10 47.2	192.156	194.215	386.492	10 32.2	241.057	243.099	484.296

Bar. 29.98 in. Ther. 59°.6. Run + 3.1. Images 1. Steadiness 2–3. F.P. 9.70.

Canopus. 1881, March 19.

	a				b		
h m	r	r	R	h m	r	r	R
11 31.2	52.730	54.783	107.608	11 44.1	45.296	47.404	92.781
11 37.3	54.790	52.724	107.614	11 50.9	47.379	45.319	92.781
12 15.4	52.719	54.732	107.582	12 1.2	45.302	47.350	92.741
12 21.4	54.779	52.669	107.587	12 7.8	47.341	45.297	92.730

Bar. 29.97 in. Ther. 59°.7. Run + 2.7. Images 1. Steadiness 2. F.P. 9.70.

e Eridani. 1881, March 22.

	b				a		
h m	r	r	R	h m	r	r	R
8 14.6	268.137	270.218	538.551	8 31.9	254.574	256.589	511.367
8 20.7	270.187	268.161	538.544	8 42.8	256.629	254.578	511.412
9 15.1	268.198	270.215	538.699	8 57.7	254.536	256.581	511.322
9 23.0	270.218	268.153	538.566	9 6.4	256.611	254.488	511.304

Bar. 29.91 in. Ther. 63°.1. Run + 3.1. Images 3. Steadiness 2. F.P. 9.70.

α_2 Centauri.   1881, March 22.

	b				a		
h m	r	r	R	h m	r	r	R
11 14.1	241.045	243.121	484.313	11 32.0	192.152	194.211	386.492
11 21.9	243.137	241.114	484.399	11 39.5	194.220	192.144	386.495
12 21.3	241.119	243.173	484.450	11 51.4	192.115	194.240	386.486
12 28.6	243.116	241.069	484.344	12 2.3	194.246	192.129	386.507

Bar. 29.90 in.   Ther. 59°.6.   Run + 3.7.   Images 3.   Steadiness 3.   F.P. 9.70.

Sirius.   1881, March 24.

	b				a		
h m	r	r	R	h m	r	r	R
9 23.7	193.518	191.586	385.232	9 37.7	196.909	194.830	391.873
9 30.0	191.582	193.677	385.393	9 44.6	194.880	196.945	391.962
10 12.8	193.629	191.626	385.411	9 55.5	196.909	194.885	391.935
10 20.4	191.617	193.665	385.444	10 3.8	194.901	196.869	391.917

Bar. 30.25 in.   Ther. 59°.1.   Run + 2.0.   Images 3.   Steadiness 3.   F.P. 9.70.

α_2 Centauri.   1881, March 24.

	b				a		
h m	r	r	R	h m	r	r	R
10 47.0	243.081	241.071	484.296	11 4.8	194.231	192.161	386.517
10 55.3	241.067	243.092	484.304	11 13.6	192.190	194.208	386.525
11 41.9	243.106	241.032	484.292	11 24.2	194.194	192.115	386.437
11 49.2	241.021	243.111	484.287	11 31.0	192.139	194.225	386.494

Bar. 30.23 in.   Ther. 59°.8.   Run + 4.0.   Images 2–3.   Steadiness 2–3.   F.P. 9.70.

α_2 Centauri.   1881, March 25.

	a				b		
h m	r	r	R	h m	r	r	R
9 50.8	194.199	192.167	386.476	10 7.6	243.092	241.060	484.286
9 57.4	192.136	194.198	386.445	10 16.8	241.061	243.099	484.296
10 47.0	194.223	192.157	386.500	10 30.2	243.108	241.059	484.305
10 56.1	192.164	194.219	386.505	10 38.2	241.051	243.113	484.305

Bar. 29.94 in.   Ther. 65°.1.   Run + 2.1.   Images 2.   Steadiness 2–3.   F.P. 9.70.

Sirius.   1881, March 30.

	a				b		
h m	r	r	R	h m	r	r	R
9 9.8	194.912	196.969	392.005	9 25.7	191.615	193.666	385.410
9 17.2	196.975	194.871	391.972	9 32.0	193.696	191.594	385.422
9 56.5	194.932	196.928	392.002	9 41.9	191.638	193.686	385.461
10 4.6	196.961	194.873	391.980	9 47.5	193.647	191.576	385.363

Bar. 30.15 in.   Ther. 58°.3.   Run + 1.5.   Images 1.   Steadiness 2.   F.P. 9.70.

a_2 Centauri. 1881, March 30.

	b				a		
h m	r	r	R	h m	r	r	R
10 30·0	241·037	243·141	484·319	10 47·5	192·151	194·207	386·480
10 37·0	243·111	241·064	484·319	10 56·0	194·216	192·139	386·479
11 29·9	241·037	243·134	484·323	11 8·7	192·131	194·234	386·491
11 38·2	243·129	241·025	484·309	11 16·6	194·232	192·166	386·525

Bar. 30·15 in. Ther. 58°·4. Run + 3·5. Images 1–2. Steadiness 2. F.P. 9·70.

e Eridani. 1881, April 1.

	a				b		
h m	r	r	R	h m	r	r	R
8 20·4	256·598	254·465	511·271	8 40·9	270·312	268·099	538·614
8 28·9	254·551	256·599	511·359	8 53·0	268·100	270·289	538·592
9 29·2	256·670	254·534	511·410	9 5·2	270·201	268·145	538·547
9 35·7	254·554	256·644	511·403	9 14·7	268·146	270·292	538·638

Bar. 30·13 in. Ther. 54°·8. Run + 3·6. Images 3–4. Steadiness 4. F.P. 9·70.

e Eridani. 1881, April 2.

	b				a		
h m	r	r	R	h m	r	r	R
8 26·2	270·182	268·095	538·481	8 38·2	256·591	254·513	511·315
8 31·5	268·081	270·205	538·490	8 42·9	254·491	256·602	511·304
9 2·7	270·204	268·120	538·528	8 50·5	256·569	254·491	511·271
9 7·5	268·103	270·195	538·501	8 55·7	254·497	256·585	511·293

Bar. 30·31 in. Ther. 54°·3. Run + 4·9. Images 1. Steadiness 2. F.P. 9·70.

Sirius. 1881, April 2.

	b				a		
h m	r	r	R	h m	r	r	R
9 25·0	193·658	191·611	385·400	9 41·8	196·927	194·864	391·929
9 32·8	191·598	193·676	385·408	9 49·1	194·825	196·933	391·899
10 19·4	193·680	191·557	385·401	10 3·6	196·910	194·851	391·910
10 25·9	191·557	193·641	385·367	10 11·1	194·856	196·925	391·934

Bar. 30·33 in. Ther. 54°·2. Run + 1·0. Images 1. Steadiness 1. F.P. 9·70.

Sirius. 1881, April 4.

	a				b		
h m	r	r	R	h m	r	r	R
10 29·4	196·903	194·848	391·917	10 48·0	193·678	191·563	385·433
10 36·8	194·843	196·956	391·973	10 54·4	191·579	193·711	385·490
11 22·0	196·932	194·825	391·997	11 4·8	193·629	191·566	385·411
11 28·3	194·860	196·875	391·991	11 13·5	191·557	193·619	385·409

Bar. 30·27 in. Ther. 59°·8. Run + 0·9. Images 3. Steadiness 3. F.P. 9·70.

ε Indi.   1881, April 4.

_	b				a		
h m	r	r	R	h m	r	r	R
17 37·8	202·004	204·127	406·353	17 56·4	228·709	230·777	459·718
17 45·9	204·117	202·000	406·326	18 7·5	230·766	228·706	459·688
18 28·6	202·063	204·093	406·321	18 15·2	228·677	230·836	459·719
18 33·7	204·100	201·996	406·257	18 20·7	230·776	228·715	459·690

Bar. 30·19 in.   Ther. 59°·4.   Run + 1·5.   Images 2.   Steadiness 2–3.   F.P. 9·70.

Sirius.   1881, April 6.

	a				b		
h m	r	r	R	h m	r	r	R
9 28·7	196·936	194·863	391·928	9 42·3	193·678	191·608	385·421
9 34·9	194·827	196·981	391·939	9 49·2	191·596	193·674	385·410
10 17·4	196·926	194·820	391·900	9 57·8	193·708	191·561	385·413
10 23·0	194·809	196·954	391·921	10 3·7	191·593	193·694	385·435

Bar. 30·13 in.   Ther. 61°·9.   Run + 2·0.   Images 2.   Steadiness 2.   F.P. 9·70.

α_2 Centauri.   1881, April 6.

	a				b		
h m	r	r	R	h m	r	r	R
10 45·8	192·144	194·278	386·543	11 2·0	241·023	243·164	484·332
10 51·7	194·275	192·139	386·536	11 7·6	243·143	241·023	484·312
11 31·7	192·138	194·261	386·528	11 15·3	241·039	243·124	484·310
11 40·3	194·265	192·119	386·514	11 21·7	243·122	241·028	484·298

Bar. 30·12 in.   Ther. 61°·8.   Run + 2·6.   Images 1.   Steadiness 2.   F.P. 9·72.

Sirius.   1881, April 7.

	b				a		
h m	r	r	R	h m	r	r	R
8 38·8	191·573	193·704	385·394	8 53·4	194·819	196·971	391·910
8 46·1	193·719	191·573	385·411	8 58·9	196·994	194·843	391·958
9 23·8	191·583	193·699	385·412	9 7·9	194·839	196·970	391·933
9 31·3	193·711	191·584	385·428	9 14·9	196·951	194·858	391·935

Bar. 30·18 in.   Ther. 58°·3.   Run + 3·4.   Images 2.   Steadiness 2.   F.P. 9·72.

α_2 Centauri.   1881, April 7.

	b				a		
h m	r	r	R	h m	r	r	R
9 54·6	243·156	240·974	484·266	10 10·0	194·278	192·112	386·506
10 1·4	241·013	243·182	484·331	10 16·8	192·143	194·284	386·544
10 42·1	243·130	241·015	484·289	10 25·7	194·248	192·134	386·501
10 50·8	241·024	243·158	484·327	10 31·6	192·138	194·258	386·516

Bar. 30·19 in.   Ther. 57°·4.   Run + 1·7.   Images 2.   Steadiness 2.   F.P. 9·72.

Sirius. 1881, April 9.

	a				b		
h m	r	r	R	h m	r	r	R
9 6·9	194·833	196·957	391·913	9 23·3	191·632	193·685	385·446
9 14·7	196·943	194·848	391·917	9 29·6	193·690	191·599	385·421
9 52·5	194·819	196·933	391·892	9 39·0	191·539	193·704	385·379
9 58·7	196·972	194·826	391·941	9 45·2	193·699	191·553	385·391

Bar. 30·15. Ther. 58°·0. Run + 3·9. Images 2. Steadiness 2. F.P. 9·72.

Canopus. 1881, April 9.

	a				b		
h m	r	r	R	h m	r	r	R
10 25·4	52·712	54·863	107·639	10 40·4	45·282	47·406	92·744
10 31·9	54·850	52·735	107·651	10 47·6	47·387	45·284	92·731
11 14·2	52·734	54·828	107·648	11 2·1	45·291	47·363	92·719
11 21·4	54·830	52·707	107·627	11 8·3	47·407	45·294	92·767

Bar. 30·15. Ther. 58°·2. Run + 2·2. Images 2. Steadiness 2. F.P. 9·72.

ε Indi. 1881, April 9.

	a				b		
h m	r	r	R	h m	r	r	R
17 59·8	230·764	228·551	459·543	18 17·5	204·183	201·863	406·221
18 5·0	228·566	230·873	459·660	18 24·1	201·884	204·182	406·234
18 45·5	230·838	228·519	459·533	18 31·9	204·197	201·876	406·235
18 51·8	228·523	230·828	459·523	18 38·2	201·901	204·178	406·237

Bar. 30·11. Ther. 58°·6. Run + 1·6. Images 2. Steadiness 2.

Sirius. 1881, April 10.

	b				a		
h m	r	r	R	h m	r	r	R
8 52·6	193·790	191·492	385·402	9 6·0	196·999	194·750	391·872
8 58·7	191·493	193·805	385·419	9 11·3	194·771	197·065	391·961
9 32·7	193·768	191·504	385·405	9 19·4	197·046	194·754	391·927
9 39·6	191·496	193·792	385·424	9 25·2	194·755	197·031	391·916

Bar. 30·07. Ther. 56°·0. Run + 2·6. Images 2. Steadiness 2. F.P. 9·72.

$α_2$ Centauri. 1881, April 10.

	a				b		
h m	r	r	R	h m	r	r	R
9 59·3	192·071	194·331	386·516	10 16·4	240·956	243·253	484·348
10 6·8	194·329	192·046	386·491	10 22·1	243·234	240·956	484·329
10 45·1	192·058	194·317	386·497	10 30·6	240·942	243·241	484·324
10 51·8	194·344	192·064	386·531	10 36·6	243·240	240·950	484·332

Bar. 30·07. Ther. 54°·9. Run + 3·2. Images 2. Steadiness 2. F.P. 9·72.

Sirius. 1881, April 12.

	a					b		
h	m	r	r	R	h	m	r	r	R
8	58·1	194·784	197·045	391·949	9	12·0	191·544	193·801	385·471
9	4·7	197·039	194·781	391·942	9	20·0	193·818	191·557	385·503
9	55·9	194·805	197·016	391·964	9	41·3	191·501	193·706	385·404
10	3·8	197·004	194·765	391·916	9	46·9	193·754	191·515	385·409

Bar. 30·13 in. Ther. 58·5°. Run + 1·5. Images 2. Steadiness 2. F.P. 9·74.

α_2 Centauri. 1881, April 12.

	b					a		
h	m	r	r	R	h	m	r	r	R
10	30·6	243·169	240·950	484·261	10	38·4	192·069	194·318	386·508
10	53·1	240·941	243·208	484·295	10	45·4	194·310	192·070	386·502
11	1·2	243·193	240·956	484·297	11	8·9	192·061	194·342	386·530
11	29·0	240·974	243·213	484·340	11	19·1	194·315	192·091	386·535

Bar. 30·13 in. Ther. 54·9°. Run + 2·6. Images 2. Steadiness 3. F.P. 9·74.

ϵ Indi. 1881, April 12.

	a					b		
h	m	r	r	R	h	m	r	r	R
16	46·6	228·502	230·780	459·669	17	1·1	201·864	204·125	406·273
16	53·2	230·748	228·525	459·640	17	6·7	204·107	201·885	406·265
17	32·3	228·561	230·810	459·646	17	17·8	201·887	204·137	406·278
17	38·4	230·786	228·618	459·667	17	24·4	204·091	201·900	406·233

Bar. 30·13 in. Ther. 57·0°. Run + 3·2. Images 2. Steadiness 3. F.P. 9·74.

ζ Tucanae. 1881, April 12.

	a					b		
h	m	r	r	R	h	m	r	r	R
18	1·8	197·774	195·517	393·409	18	18·9	202·916	200·675	403·712
18	8·2	195·536	197·796	393·447	18	27·6	200·674	202·944	403·736
18	54·4	197·775	195·598	393·483	18	38·8	202·920	200·710	403·745
19	0·3	195·574	197·789	393·474	18	45·5	200·693	202·907	403·715

Bar. 30·14 in. Ther. 56·9°. Run + 3·0. Images 2-3. Steadiness 3. F.P. 9·74.

Sirius. 1881, April 14.

	b					a		
h	m	r	r	R	h	m	r	r	R
8	51·3	193·634	191·488	385·242	9	9·1	196·882	194·743	391·749
9	1·1	191·490	193·661	385·272	9	15·3	194·744	196·938	391·809
9	42·5	193·649	191·469	385·257	9	25·0	196·885	194·723	391·737
9	48·3	191·465	193·629	385·235	9	32·7	194·743	196·897	391·772

Bar. 30·09 in. Ther. 53·5°. Run + 2·1. Images 2-3. Steadiness 3. F.P. 8·75.

Sirius.   1881, April 20.

	a				b		
h m	r	r	R	h m	r	r	R
8 50·8	196·918	194·718	391·756	9 5·5	193·672	191·504	385·301
8 58·2	194·685	196·887	391·693	9 11·4	191·470	193·653	385·249
9 35·4	196·878	194·755	391·767	9 20·3	193·648	191·450	385·227
9 42·3	194·750	196·895	391·783	9 27·1	191·483	193·638	385·253

Bar. 30·36 in. Ther. 54°·8. Run + 1·3. Images 2. Steadiness 2. F.P. 8·75.

α₂ Centauri.   1881, April 20.

	a				b		
h m	r	r	R	h m	r	r	R
10 5·8	194·202	192·045	386·363	10 24·3	243·062	240·883	484·088
10 13·0	192·021	194·211	386·351	10 31·3	240·907	243·080	484·131
10 56·0	194·209	191·998	386·333	10 41·2	243·077	240·909	484·132
11 2·5	192·028	194·237	386·392	10 46·8	240·898	243·078	484·123

Bar. 30·39 in. Ther. 54°·0. Run + 2·3. Images 1. Steadiness 2. F.P. 8·75.

ε Indi.   1881, April 20.

	b				a		
h m	r	r	R	h m	r	r	R
17 3·3	203·981	201·827	406·093	17 19·3	230·649	228·505	459·461
17 9·6	201·839	204·020	406·131	17 25·6	228·501	230·680	459·474
17 49·2	204·058	201·856	406·123	17 35·4	230·685	228·504	459·464
17 56·2	201·870	204·053	406·125	17 41·4	228·545	230·670	459·478

Bar. 30·42 in. Ther. 52°·9. Run + 3·6. Images 2. Steadiness 3. F.P. 8·75.

ζ Tucanae.   1881, April 20.

	b				a		
h m	r	r	R	h m	r	r	R
18 17·9	200·650	202·803	403·577	18 35·6	195·501	197·677	393·291
18 25·5	202·802	200·655	403·577	18 42·1	197·667	195·521	393·300
19 11·4	200·652	203·819	403·587	18 54·8	195·548	197·708	393·369
19 18·5	202·798	200·612	403·526	19 1·4	197·655	195·501	393·269

Bar. 30·44 in. Ther. 53°·1. Run + 2·1. Images 3. Steadiness 3. F.P. 8·75.

Sirius.   1881, April 21.

	b				a		
h m	r	r	R	h m	r	r	R
9 25·1	191·477	193·636	385·242	9 38·8	194·792	196·914	391·841
9 31·6	193·672	191·466	385·272	9 44·5	196·871	194·724	391·733
10 9·5	191·478	193·635	385·257	9 54·1	194·760	196·902	391·804
10 16·1	193·632	191·494	385·286	10 0·5	196·855	194·702	391·703

Bar. 30·49 in. Ther. 59°·2. Run + 1·7. Images 2–3. Steadiness 2–3. F.P. 8·75.

Canopus. 1881, April 22.

b

h	m	r	r	R
9	47·7	45·286	47·450	92·781
9	53·3	47·456	45·259	92·760
10	26·9	45·290	47·451	92·795
10	32·8	47·461	45·293	92·810

a

h	m	r	r	R
10	1·1	52·711	54·868	107·635
10	7·0	54·873	52·712	107·643
10	15·0	52·721	54·861	107·642
10	21·0	54·892	52·730	107·684

Bar. 30·41 in. Ther. 60°·7. Run + 2·0. F.P. 9·75.

α₂ Centauri. 1881, April 22.

b

h	m	r	r	R
10	53·8	241·013	243·252	484·411
11	0·4	243·213	241·048	484·408
11	40·0	241·056	243·205	484·416
11	46·3	243·213	241·041	484·410

a

h	m	r	r	R
11	9·3	192·130	194·323	386·580
11	14·7	194·306	192·121	386·555
11	25·1	192·142	194·292	386·564
11	31·1	194·298	192·158	386·587

Bar. 30·39 in. Ther. 59°·0. Run + 3·3. Images 2–3. Steadiness 2. F.P. 9·75.

ε Indi. 1881, April 22.

a

h	m	r	r	R
17	17·3	228·654	230·806	459·768
17	23·3	230·784	228·639	459·718
18	5·0	228·663	230·839	459·724
18	10·9	230·828	228·678	459·720

b

h	m	r	r	R
17	34·0	201·969	204·171	406·369
17	41·8	204·192	201·966	406·375
17	52·4	201·997	204·158	406·358
17	58·1	204·134	201·966	406·296

Bar. 30·35 in. Ther. 57°·9. Run + 2·7. Images 2–3. Steadiness 3. F.P. 9·75.

ζ Tucanae. 1881, April 22.

a

h	m	r	r	R
18	32·9	195·635	197·802	393·550
18	40·7	197·836	195·616	393·564
19	23·3	195·639	197·792	393·547
19	31·8	197·779	195·612	393·509

b

h	m	r	r	R
18	48·2	200·760	202·944	403·820
18	57·0	202·929	200·738	403·783
19	7·2	200·766	202·917	403·799
19	14·1	202·928	200·768	403·812

Bar. 30·33 in. Ther. 50°·7. Run + 2·9. Images 2–3. Steadiness 3. F.P. 9·75.

α₂ Centauri. 1881, April 23.

a

h	m	r	r	R
10	47·2	192·145	194·338	386·603
10	53·8	194·319	192·141	386·581
11	38·9	192·136	194·274	386·539
11	45·3	194·301	192·132	386·562

b

h	m	r	r	R
11	3·6	241·032	243·213	484·389
11	11·5	243·219	241·037	484·402
11	21·6	241·060	243·223	484·430
11	28·4	243·212	241·037	484·398

Bar. 30·26 in. Ther. 68°·5. Run + 3·3. Images 2–3. Steadiness 2–3. F.P. 9·75.

Sirius.				1881, April 24.			
a				b			
h m	r	r	R	h m	r	r	R
9 44·3	196·987	194·846	391·968	10 1·3	193·753	191·601	385·500
9 51·9	194·853	197·067	392·058	10 8·1	191·585	193·772	385·508
10 35·4	196·989	194·837	391·994	10 18·5	193·768	191·581	385·508
10 41·3	194·864	197·031	392·071	10 26·6	191·600	193·767	385·533

Bar. 30·16 in. Ther. 64°·7. Run + 1·6. Images 2. Steadiness 2. F.P. 9·75.

ε Indi.				1881, April 24.			
b				a			
h m	r	r	R	h m	r	r	R
18 2·0	204·160	202·009	406·360	18 15·0	230·855	228·680	459·742
18 7·7	202·040	204·189	406·413	18 22·4	228·685	230·835	459·717
18 52·0	204·192	202·005	406·344	18 36·0	230·853	228·676	459·713
18 58·6	202·045	204·198	406·386	18 42·7	228·680	230·864	459·723

Bar. 30·09 in. Ther. 58°·7. Run + 3·0. Images 2. Steadiness 2.

ε Indi.				1881, April 28.			
a				b			
h m	r	r	R	h m	r	r	R
19 7·5	230·851	228·672	459·688	19 26·4	204·191	202·037	406·361
19 15·6	228·683	230·819	459·663	19 36·4	202·003	204·222	406·354
20 6·6	230·849	228·702	459·690	19 48·9	204·165	202·032	406·322
20 11·9	228·684	230·872	459·694	19 57·4	202·025	204·208	406·355

Bar. 30·03 in. Ther. 44°·8. Run + 3·1. Images 2. Steadiness 2-3. F.P. 9·75.

α₂ Centauri.				1881, May 4.			
b				a			
h m	r	r	R	h m	r	r	R
11 47·7	243·218	241·031	484·404	12 6·0	194·316	192·141	386·591
11 56·0	240·989	243·228	484·375	12 12·5	192·149	194·333	386·617
12 47·6	243·169	241·002	484·333	12 23·3	194·323	192·164	386·623
12 53·4	241·040	243·204	484·407	12 30·7	192·153	194·345	386·635

Bar. 30·07 in. Ther. 56°·6. Run + 5·0. Images 3. Steadiness 3. F.P. 9·75.

ε Indi.				1881, May 6.			
b				a			
h m	r	r	R	h m	r	r	R
18 46·4	201·992	204·198	406·343	19 1·0	228·686	230·850	459·703
18 53·1	204·141	202·032	406·322	19 7·5	230·790	228·600	459·553
19 40·2	202·043	204·180	406·349	19 17·9	228·665	230·859	459·682
19 46·6	204·204	202·009	406·337	19 28·8	230·822	228·650	459·623

Bar. 30·09 in. Ther. 51°·9. Run + 3·7. Images 2-3. Steadiness 3. F.P. 9·50.

ζ Tucanae. 1881, May 6.

b | a

h	m	r	r	R	h	m	r	r	R
20	4.2	202.852	200.733	403.706	20	19.4	197.742	195.625	393.495
20	10.4	200.765	202.888	403.777	20	24.8	195.595	197.788	393.512
20	44.7	202.894	200.694	403.718	20	34.6	197.748	195.578	393.459
20	49.4	200.708	202.930	403.769	20	39.2	195.566	197.766	393.466

Bar. 30·09 in. Ther. 50°·2. Run + 3·4. Images 3. Steadiness 3. F.P. 9·50.

ε Indi. 1881, May 9.

a | b

h	m	r	r	R	h	m	r	r	R
18	50.5	230.792	228.630	459.600	19	4.9	204.144	201.967	406.255
18	55.9	228.649	230.791	459.614	19	11.0	201.993	204.161	406.295
19	36.5	230.812	228.628	459.591	19	20.0	204.159	202.007	406.303
19	42.4	228.623	230.801	459.572	19	25.8	201.946	204.143	406.223

Bar. 30·17 in. Ther. 44°·6. Run + 2·9. Images 2. Steadiness 2. F.P. 9·50.

Sirius. 1881, May 18.

a | b

h	m	r	r	R	h	m	r	r	R
9	36.2	196.914	194.828	391.877	9	43.6	191.632	193.721	385.492
9	58.3	194.820	196.953	391.918	9	51.4	193.715	191.544	385.403
10	10.7	196.898	194.815	391.865	10	17.5	191.566	193.650	385.377
10	35.4	194.792	196.936	391.900	10	26.1	193.696	191.564	385.429

Bar. 30·28 in. Ther. 54°·9. Run + 2·8. Images 3. Steadiness 3. F.P. 9·50.

Sirius. 1881, May 19.

b | a

h	m	r	r	R	h	m	r	r	R
9	40.2	193.716	191.630	385.483	9	54.8	196.931	194.852	391.925
9	47.4	191.526	193.687	385.354	10	0.4	194.810	196.923	391.878
10	24.3	193.692	191.560	385.419	10	11.6	196.933	194.841	391.926
10	30.4	191.528	193.686	385.386	10	17.6	194.821	196.883	391.861

Bar. 30·18 in. Ther. 55°·2. Run + 1·7. Images 3. Steadiness 3. F.P. 9·50.

Sirius. 1881, May 20.

a | b

h	m	r	r	R	h	m	r	r	R
9	43.0	194.826	196.936	391.899	9	58.8	191.582	193.727	385.457
9	50.4	196.943	194.797	391.880	10	5.6	193.699	191.571	385.422
10	32.5	194.772	196.959	391.901	10	16.4	191.592	193.703	385.455
10	39.6	196.911	194.796	391.883	10	23.4	193.693	191.535	385.394

Bar. 30·09 in. Ther. 53°·9. Run + 1·5. Images 3. Steadiness 3. F.P. 9·50.

α_2 Centauri.   1881, May 20.

	b				a		
h m	r	r	R	h m	r	r	R
13 9·0	243·100	240·992	484·257	13 40·3	194·243	192·145	386·527
13 22·0	240·984	243·118	484·269	13 51·0	192·137	194·271	386·546
14 29·2	243·121	241·011	484·299	14 7·3	194·231	192·097	386·466
14 41·5	240·985	243·164	484·314	14 15·3	192·170	194·336	386·642

Bar. 30·08 in.   Ther. 54°·5.   Run + 3·7.   Images 3.   Steadiness 3.   F.P. 9·50.

Sirius.   1881, May 21.

	a				b		
h m	r	r	R	h m	r	r	R
9 49·0	196·904	194·793	391·836	10 0·1	191·592	193·699	385·439
10 19·0	194·840	196·932	391·929	10 8·8	193·682	191·553	385·388
10 31·4	196·911	194·778	391·857	10 43·6	191·565	193·675	385·427
12 2·7	194·786	196·894	391·885	10 54·6	193·695	191·553	385·449

Bar. 29·93 in.   Ther. 53°·3.   Run + 1·5.   Images 3.   Steadiness 3.   F.P. 9·50.

α_2 Centauri.   1881, May 23.

	a				b		
h m	r	r	R	h m	r	r	R
10 5·6	192·152	194·307	386·575	10 25·6	241·009	243·138	484·289
10 15·6	194·273	192·192	386·583	10 32·0	243·146	241·005	484·294
11 1·1	192·123	194·281	386·531	10 43·8	240·994	243·133	484·272
11 11·2	194·261	192·164	386·554	10 50·4	243·137	240·978	484·261

Bar. 30·15 in.   Ther. 51°·8.   Run + 3·3.   Images 2–3.   Steadiness 3.   F.P. 9·50.

α_2 Centauri.   1881, June 13.

	b				a		
h m	r	r	R	h m	r	r	R
11 39·4	240·827	243·307	484·288	11 59·6	192·002	194·495	386·631
11 46·2	243·283	240·823	484·261	12 8·4	194·481	191·976	386·591
12 35·4	240·801	243·295	484·258	12 19·5	192·006	194·490	386·632
12 42·3	243·312	240·819	484·294	12 26·1	194·454	192·002	386·592

Bar. 30·25 in.   Ther. 58°·5.   Run + 3·8.   Images 3.   Steadiness 2–3.   F.P. 9·50.

α_2 Centauri.   1881, June 16.

	a				b		
h m	r	r	R	h m	r	r	R
11 51·5	194·462	191·968	386·563	12 7·1	243·292	240·807	484·258
11 58·5	191·995	194·480	386·609	12 12·5	240·799	243·320	484·279
12 44·0	194·454	191·978	386·570	12 24·0	243·277	240·818	484·256
12 51·3	191·969	194·470	386·578	12 30·4	240·840	243·302	484·304

Bar. 30·15 in.   Ther. 54°·9.   Run + 4·7.   Images 3.   Steadiness 3.   F.P. 9·50.

α_2 Centauri. 1881, June 17.

	b				a		
h m	r	r	R	h m	r	r	R
13 44·2	240·824	243·310	484·297	14 0·5	191·988	194·476	386·599
13 51·0	243·311	240·778	484·253	14 8·5	194·467	191·955	386·557
14 36·5	240·844	243·362	484·370	14 17·3	191·965	194·482	386·581
14 45·9	243·318	240·824	484·305	14 24·6	194·468	191·975	386·578

Bar. 30·11 in. Ther. 63°·3. Run + 4·5. Images 3. Steadiness 3. F.P. 9·50.

ζ Tucanae. 1881, June 20.

	a				b		
h m	r	r	R	h m	r	r	R
21 23·2	197·886	195·427	393·457	21 40·1	202·990	200·509	403·643
21 30·9	195·385	197·877	393·407	21 47·4	200·501	203·005	403·650
22 14·8	197·857	195·412	393·422	21 57·8	203·007	200·537	403·691
22 23·1	195·409	197·891	393·454	22 5·8	200·560	203·015	403·723

Bar. 30·48 in. Ther. 55°·1. Run + 3·5. Images 2–3. Steadiness 3. F.P. 9·50.

e Eridani. 1881, June 20.

	a				b		
h m	r	r	R	h m	r	r	R
22 48·0	254·275	256·773	511·338	23 2·7	267·830	270·269	538·384
22 54·8	256·747	254·252	511·275	23 10·0	270·292	267·792	538·353
23 41·7	254·293	256·820	511·317	23 23·7	267·801	270·333	538·381
23 49·3	256·799	254·314	511·308	23 33·2	270·369	267·832	538·433

Bar. 30·46 in. Ther. 55°·3. Run + 3·0. Images 2–3. Steadiness 3. F.P. 9·50.

Canopus. 1881, June 21.

	a				b		
h m	r	r	R	h m	r	r	R
12 9·0	54·946	52·436	107·509	12 22·9	47·628	45·112	92·843
12 15·8	52·441	54·951	107·526	12 29·0	45·127	47·575	92·808
12 51·8	54·950	52·400	107·531	12 37·4	47·603	45·083	92·799
12 59·5	52·441	54·966	107·601	12 45·1	45·084	47·588	92·791

Bar. 30·36 in. Ther. 60°·2. Run + 3·9. Images 3. Steadiness 3. F.P. 9·50.

α_2 Centauri. 1881, June 21.

	a				b		
h m	r	r	R	h m	r	r	R
16 14·8	191·959	194·502	386·586	16 28·6	240·770	243·330	484·242
16 20·9	194·527	191·996	386·645	16 34·1	243·296	240·801	484·248
16 56·0	191·995	194·498	386·608	16 42·6	240·804	243·242	484·196
17 0·6	194·518	192·009	386·641	16 48·2	243·284	240·805	484·237

Bar. 30·31 in. Ther. 57°·5. Run + 4·3. F.P. 9·50.

ι Indi.   1881, June 21.

	b				a		
h m	r	r	R	h m	r	r	R
17 22·5	201·810	204·331	406·387	17 38·2	228·447	230·947	459·659
17 29·2	204·262	201·803	406·300	17 44·8	230·922	228·428	459·603
18 11·5	201·816	204·343	406·341	17 56·3	228·450	230·955	459·640
18 17·2	204·288	201·802	406·266	18 2·4	230·891	228·458	459·561

Bar. 30·30 in.   Ther. 57°·8.   Run + 3·4.   Images 2.   Steadiness 2–3.   F.P. 9·50.

α₂ Centauri.   1881, June 22.

	b				a		
h m	r	r	R	h m	r	r	R
12 4·9	243·294	240·799	484·250	12 20·8	194·497	192·006	386·639
12 11·1	240·803	243·296	484·257	12 27·2	191·992	194·503	386·632
12 59·0	243·280	240·792	484·236	12 40·9	194·484	191·976	386·597
13 7·1	240·792	243·287	484·244	12 47·2	192·007	194·485	386·629

Bar. 29·96 in.   Ther. 54°·9.   Run + 4·4.   F.P. 9·50.

---

e Eridani.   1881, June 24.

	a				b		
h m	r	r	R	h m	r	r	R
22 54·7	267·759	270·314	538·375	23 9·2	254·271	256·809	511·328
23 1·4	270·286	267·778	538·351	23 16·9	256·842	254·269	511·347
23 44·1	267·859	270·346	538·424	23 28·9	254·300	256·769	511·288
23 50·5	270·323	267·824	538·358	23 35·8	256·781	254·288	511·280

Bar. 30·21 in.   Ther. 49°·8.   Run + 4·1.   Images 2.   Steadiness 2–3.   F.P. 9·50.

---

e Eridani.   1881, June 28.

	a				b		
h m	r	r	R	h m	r	r	R
22 29·8	254·252	256·782	511·373	22 43·7	267·806	270·324	538·463
22 37·1	256·745	254·278	511·341	22 58·0	270·326	267·852	538·473
23 30·8	254·320	256·805	511·342	23 14·7	267·843	270·361	538·466
23 36·7	256·845	254·343	511·398	23 21·2	270·357	267·821	538·429

Bar. 30·25 in.   Ther. 50°·3.   Run + 3·8.   Images 2–3.   Steadiness 3.   F.P. 9·50.

α₂ Centauri.   1881, July 1.

	a				b		
h m	r	r	R	h m	r	r	R
15 25·0	194·512	192·027	386·672	15 41·9	243·326	240·817	484·308
15 32·2	192·023	194·505	386·661	15 50·5	240·824	243·339	484·326
16 30·3	194·716	191·810	386·649	16 13·5	243·523	240·612	484·293
16 41·3	191·847	194·706	386·674	16 20·7	240·614	243·513	484·285

Bar. 30·53 in.   Ther. 46°·6.   Run + 3·5.   F.P. 9·50.

a_2 Centauri.   1881, July 2.

b				a			
h m	r	r	R	h m	r	r	R
15 26.3	243.321	240.801	484.289	15 41.0	194.529	192.032	386.694
15 32.6	240.813	243.308	484.288	15 50.4	192.045	194.538	386.713
16 12.8	243.290	240.823	484.274	15 58.5	194.503	192.027	386.659
16 20.2	240.791	243.315	484.266	16 4.3	192.023	194.513	386.666

Bar. 30.49 in. Ther. 42°.9. Run + 4.1. Images 2. Steadiness 3. F.P. 9.50.

ϵ Indi.   1881, July 2.

a				b			
h m	r	r	R	h m	r	r	R
16 53.6	228.394	230.902	459.679	17 9.2	201.772	204.338	406.390
17 1.0	230.887	228.404	459.653	17 18.3	204.285	201.788	406.337
17 43.4	228.449	230.946	459.662	17 28.9	201.801	204.310	406.357
17 49.8	230.924	228.457	459.636	17 35.4	204.349	201.816	406.401

Bar. 30.50 in. Ther. 40°.9. Run + 3.3. Images 3. Steadiness 3. F.P. 9.50.

ϵ Indi.   1881, July 3.

b				a			
h m	r	r	R	h m	r	r	R
15 31.5	204.042	201.628	406.273	15 52.9	230.741	228.326	459.693
15 36.7	201.633	204.117	406.325	15 58.0	228.232	230.794	459.624
16 24.8	204.224	201.755	406.365	16 10.7	230.809	228.315	459.660
16 32.0	201.756	204.298	406.418	16 17.6	228.332	230.831	459.667

Bar. 30.58 in. Ther. 51°.2. Run + 4.8. Images 2-3. Steadiness 3. F.P. 9.50.

---

e Eridani.   1881, July 3.

b				a			
h m	r	r	R	h m	r	r	R
22 19.9	270.252	267.755	538.433	22 34.4	256.760	254.273	511.365
22 26.0	267.793	270.285	538.479	22 42.0	254.302	256.791	511.404
23 8.6	270.347	267.833	538.458	22 53.1	256.787	254.292	511.364
23 14.3	267.822	270.354	538.443	23 1.4	254.316	256.828	511.411

Bar. 30.56 in. Ther. 46°.4. Run + 3.2. Images 2. Steadiness 3. F.P. 9.50.

ζ Tucanae.   1881, July 4.

b				a			
h m	r	r	R	h m	r	r	R
17 42.7	200.546	203.022	403.722	17 50.3	197.899	195.466	393.493
18 9.8	203.055	200.538	403.723	18 1.2	195.430	197.907	393.457
18 18.8	200.566	203.044	403.734	18 24.6	197.931	195.466	393.512
18 39.7	203.035	200.586	403.739	18 32.7	195.459	197.937	393.510

Bar. 30.56 in. Ther. 50°.8. Run + 3.8. Images 2. Steadiness 2-3. F.P. 9.50.

ε Indi.   1881, July 5.

	b				a		
h m	r	r	R	h m	r	r	R
17 50.3	204.274	201.822	406.307	17 58.1	228.465	230.933	459.637
18 15.1	201.844	204.305	406.332	18 7.6	230.945	228.476	459.645
18 23.3	204.311	201.864	406.351	18 32.0	228.496	230.970	459.662
18 53.3	201.887	204.339	406.377	18 43.5	231.006	228.515	459.704

Bar. 30.49 in. Ther. 46°.8. Run + 4.0. Images 2–3. Steadiness 3. F.P. 9.50.

ζ Tucanae.   1881, July 5.

	a				b		
h m	r	r	R	h m	r	r	R
19 15.1	195.452	197.922	393.491	19 25.8	203.057	200.553	403.729
19 44.4	197.916	195.455	393.493	19 37.0	200.574	203.025	403.720
19 53.8	195.432	197.917	393.473	20 1.1	203.035	200.574	403.733
20 17.2	197.913	195.424	393.468	20 10.1	200.576	203.038	403.741

Bar. 30.37 in. Ther. 43°.2. Run + 4.7. Images 2. Steadiness 2–3. F.P. 9.50.

α₂ Centauri.   1881, July 6.

	a				b		
h m	r	r	R	h m	r	r	R
17 9.1	192.043	194.504	386.661	17 19.5	243.285	240.838	484.267
17 37.2	194.495	192.023	386.629	17 28.9	240.815	243.307	484.264
17 46.4	192.033	194.520	386.663	17 56.5	243.323	240.822	484.283
18 30.3	194.507	192.058	386.674	18 20.7	240.852	243.310	484.299

Bar. 30.24 in. Ther. 56°.8. Run + 4.3. Images 3. Steadiness 3. F.P. 9.50.

α₂ Centauri.   1881, July 8.

	b				a		
h m	r	r	R	h m	r	r	R
15 31.1	240.830	243.292	484.286	15 40.1	194.510	192.041	386.681
15 58.4	243.272	240.840	484.272	15 49.5	192.051	194.511	386.690
16 9.2	240.831	243.269	484.258	16 17.3	194.490	192.041	386.656
16 37.0	243.316	240.828	484.298	16 26.4	192.038	194.499	386.660

Bar. 30.38 in. Ther. 50°.0. Run + 5.3. Images 2. Steadiness 2–3. F.P. 9.50.

ε Eridani.   1881, July 8.

	a				b		
h m	r	r	R	h m	r	r	R
22 27.3	256.743	254.259	511.353	22 38.9	267.799	270.274	538.425
22 58.0	254.307	256.766	511.347	22 48.5	270.275	267.851	538.449
23 6.2	256.830	254.321	511.408	23 17.7	267.824	270.307	538.450
23 39.3	254.336	256.797	511.343	23 29.2	270.346	267.861	538.449

Bar. 30.35 in. Ther. 46°.2. Run + 5.0. Images 3. Steadiness 3. F.P. 9.50.

Canopus. 1881, July 8.

	b				a		
h m	r	r	R	h m	r	r	R
0 0.9	47.519	45.079	92.752	0 16.0	54.948	52.466	107.548
0 8.6	45.090	47.538	92.772	0 25.7	52.487	54.931	107.544
0 57.4	47.514	45.071	92.681	0 37.2	54.950	52.516	107.582
1 3.0	45.137	47.557	92.786	0 45.9	52.470	54.985	107.566

Bar. 30.35 in.   Ther. 43°.8.   Run + 4.2.   F.P. 9.50.

α_2 Centauri. 1881, July 10.

	a				b		
h m	r	r	R	h m	r	r	R
16 8.3	194.474	192.015	386.616	16 15.7	240.791	243.293	484.242
16 31.1	192.018	194.501	386.641	16 23.6	243.000	240.798	484.255
16 38.9	194.513	192.030	386.663	16 46.8	240.804	243.295	484.250
17 4.2	192.029	194.483	386.628	16 55.2	243.301	240.806	484.257

Bar. 30.30 in.   Ther. 49°.2.   Run + 6.1.   F.P. 9.50.

ϵ Indi. 1881, July 10.

	a				b		
h m	r	r	R	h m	r	r	R
17 23.2	228.428	230.938	459.667	17 33.0	204.274	201.801	406.310
17 49.7	230.905	228.465	459.620	17 41.6	201.795	204.289	406.306
17 59.6	228.472	230.923	459.630	18 10.0	204.280	201.832	406.299
18 31.3	230.940	228.459	459.593	18 21.2	201.867	204.306	406.349

Bar. 30.32 in.   Ther. 47°.9.   Run + 4.3.   Images 2.   Steadiness 2–3.

ϵ Indi. 1881, July 11.

	b				a		
h m	r	r	R	h m	r	r	R
17 52.6	204.273	201.821	406.303	18 0.6	228.486	230.943	459.664
18 16.6	201.833	204.299	406.314	18 8.5	230.949	228.470	459.641
18 26.6	204.321	201.825	406.318	18 35.1	228.464	230.950	459.606
18 52.5	201.856	204.304	406.312	18 43.3	230.937	228.489	459.610

Bar. 30.57 in.   Ther. 49°.8.   Run + 6.1.   Images 2.   Steadiness 2.   F.P. 9.50.

ζ Tucanae. 1881, July 11.

	b				a		
h m	r	r	R	h m	r	r	R
19 8.6	203.009	200.547	403.673	19 15.9	195.415	197.905	393.436
19 33.4	200.548	203.032	403.699	19 24.9	197.922	195.429	393.469
19 44.2	203.039	200.566	403.725	19 51.2	195.420	197.896	393.440
20 8.6	200.577	203.038	403.740	20 1.6	197.905	195.427	393.458

Bar. 30.57 in.   Ther. 48°.4.   Run + 4.4.   Images 2.   Steadiness 2.   F.P. 9.50.

α_2 Centauri.   1881, July 12.

a   *b*

h	m	r	r	R	h	m	r	r	R
15	55·3	194·513	192·001	386·644	16	2·4	240·819	243·309	484·291
16	16·7	191·998	194·511	386·635	16	10·8	243·307	240·804	484·272
16	24·4	194·506	192·000	386·631	16	34·1	240·820	243·282	484·259
16	58·4	191·992	194·498	386·609	16	49·3	243·333	240·825	484·312

Bar. 30·51 in.   Ther. 43°·6.   Run + 5·9.   Images 2.   Steadiness 2–3.   F.P. 9·50.

α_2 Centauri.   1881, July 13.

b   *a*

h	m	r	r	R	h	m	r	r	R
15	49·9	240·804	243·325	484·291	15	59·1	194·518	192·007	386·653
16	18·0	243·297	240·796	484·251	16	9·1	192·005	194·520	386·652
16	53·0	240·781	243·324	484·258	17	0·7	194·539	192·010	386·666
17	21·6	243·321	240·836	484·303	17	9·5	192·004	194·549	386·669

Bar. 30·43 in.   Ther. 47°·6.   Run + 4·7.   Images 2–3.   Steadiness 3.   F.P. 9·50.

α_2 Centauri.   1881, July 16.

a^1 b^1

h	m	r	r	R	h	m	r	r	R
17	55·3	110·023	107·417	217·546	18	4·7	112·905	115·507	228·526
18	22·6	107·444	110·030	217·591	18	14·5	115·494	112·881	228·496
18	32·6	110·029	107·402	217·555	18	41·3	112·889	115·475	228·503
19	5·2	107·338	110·091	217·575	18	52·0	115·521	112·806	228·474

Bar. 29·98 in.   Ther. 56°·3.   Run + 2·4.   F.P. 9·50.

α_2 Centauri.   1881, July 18.

b^1 a^1

h	m	r	r	R	h	m	r	r	R
15	40·7	112·836	115·594	228·500	15	49·0	110·142	107·355	217·566
16	4·2	115·572	112·840	228·487	15	57·4	107·351	110·138	217·559
16	11·7	112·845	115·579	228·500	16	18·7	110·118	107·369	217·561
16	31·0	115·575	112·877	228·532	16	25·2	107·365	110·099	217·540

Bar. 30·40 in.   Ther. 42°·4.   Run + 2·1.   F.P. 9·50.

α_2 Centauri.   1881, July 18.

a   *b*

h	m	r	r	R	h	m	r	r	R
17	17·9	191·884	194·616	386·616	17	26·4	243·400	240·705	484·253
17	42·3	194·628	191·910	386·652	17	34·8	240·714	243·438	484·299
18	59·2	191·895	194·609	386·623	19	5·3	243·418	240·670	484·232
19	24·3	194·638	191·888	386·654	19	15·2	240·716	243·440	484·303

Bar. 30·40 in.   Ther. 39°·8.   Run + 4·7.   Images 2–3.   Steadiness 2–3.   F.P. 9·50.

α_2 Centauri. 1881, August 8.

	b^1				a^1		
h m	r	r	R	h m	r	r	R
16 47·1	112·878	115·520	228·480	16 53·3	110·037	107·377	217·494
17 7·6	115·480	112·854	228·423	17 0·6	107·408	110·067	217·557
17 15·6	112·857	115·499	228·449	17 24·5	110·046	107·425	217·562
17 42·4	115·507	112·830	228·441	17 34·2	107·420	110·057	217·572

Bar. 30·04 in.   Ther. 51°·5.   Run + 2·5.   F.P. 9·50.

α_3 Centauri. 1881, August 8.

	b				a		
h m	r	r	R	h m	r	r	R
18 18·9	243·338	240·716	484·190	18 26·9	191·953	194·558	386·619
18 45·6	240·702	243·369	484·207	18 36·8	194·581	191·928	386·617
19 18·4	243·362	240·702	484·207	19 26·8	191·922	194·600	386·646

Bar. 30·05 in.   Ther. 53°·5.   Run + 3·8.   F.P. 9·50.

α_2 Centauri. 1881, August 10.

	a^1				b^1		
h m	r	r	R	h m	r	r	R
20 24·0	109·957	107·330	217·517	20 33·2	112·770	115·395	228·435
20 52·4	107·343	109·930	217·541	20 43·0	115·372	112·775	228·434
21 3·3	109·973	107·315	217·574	21 11·1	112·770	115·323	228·430
				21 21·4	115·365	112·767	228·491

Bar. 30·20 in.   Ther. 47°·4.   Run + 2·6.   Images 2–3.   Steadiness 3.   F.P. 9·50.

α_2 Centauri. 1881, August 11.

	a^1				b^1		
h m	r	r	R	h m	r	r	R
17 39·5	107·458	110·014	217·572	17 46·6	115·468	112·894	228·471
18 6·4	110·008	107·444	217·565	17 57·4	112·888	115·464	228·468
18 17·4	107·431	109·996	217·546	18 25·9	115·442	112·854	228·429
18 51·9	110·023	107·423	217·587	18 40·6	112·875	115·435	228·453

Bar. 30·57 in.   Ther. 45°·8.   Run + 2·4.   Images 1–2.   Steadiness 2.   F.P. 9·50.

α_2 Centauri. 1881, August 12.

	a				b		
h m	r	r	R	h m	r	r	R
16 40·3	191·964	194·546	386·631	16 49·0	243·327	240·717	484·197
17 7·0	194·540	191·982	386·640	16 58·7	240·747	243·315	484·213
17 44·8	191·979	194·556	386·648	17 52·5	243·290	240·755	484·188
18 9·1	194·563	191·974	386·651	18 1·7	240·740	243·353	484·235

Bar. 30·57 in.   Ther. 47°·9.   Run + 4·5.   Images 2.   Steadiness 2.   F.P. 9·50.

ϵ Indi.   1881, August 12.

	a				b		
h m	r	r	R	h m	r	r	R
19 38·3	231·016	228·396	459·563	19 45·4	201·797	204·402	406·326
20 1·9	228·433	230·989	459·564	19 54·2	204·356	201·812	406·293
20 9·8	230·989	228·433	459·562	20 19·6	201·800	204·370	406·289
20 36·3	228·433	230·990	459·557	20 27·0	204·385	201·804	406·307

Bar. 30·55 in. Ther. 49·8°. Run + 4·1. Images 1–2. Steadiness 2. F.P. 9·50.

Sirius.   1881, August 12.

	a				b		
h m	r	r	R	h m	r	r	R
2 8·0	196·865	194·323	391·745	2 17·4	191·140	193·758	385·342
2 33·3	194·413	197·019	391·837	2 25·7	193·750	191·194	385·345
2 41·0	197·027	194·410	391·808	2 49·3	191·233	193·820	385·366
3 8·6	194·491	197·032	391·808	3 1·1	193·796	191·248	385·327

Bar. 30·49 in. Ther. 49·9°. Run + 3·1. Images 2. Steadiness 2. F.P. 9·50.

α_2 Centauri.   1881, August 13.

	b^1				a^1		
h m	r	r	R	h m	r	r	R
17 11·7	115·470	112·863	228·425	17 19·8	107·438	110·036	217·563
17 35·8	112·890	115·477	228·468	17 28·3	110·021	107·404	217·518
17 43·8	115·466	112·875	228·447	17 51·5	107·426	110·029	217·559
18 9·2	112·892	115·439	228·451	18 0·8	109·987	107·415	217·510

Bar. 30·39 in. Ther. 52·2°. Run + 3·2. Images 1–2. Steadiness 2. F.P. 9·50.

α_2 Centauri.   1881, August 13.

	b				a		
h m	r	r	R	h m	r	r	R
18 27·7	243·335	240·734	484·207	18 36·7	191·985	194·544	386·639
18 53·5	240·757	243·316	484·212	18 46·4	194·552	191·993	386·658
19 22·3	243·296	240·742	484·184	19 34·3	191·976	194·535	386·640
19 55·1	240·732	243·348	484·245	19 43·3	194·561	191·952	386·647

Bar. 30·39 in. Ther. 51·5°. Run + 4·5. Images 1–2. Steadiness 2. F.P. 9·50.

Sirius.   1881, August 13.

	b				a		
h m	r	r	R	h m	r	r	R
2 7·0	191·137	193·747	385·390	2 14·1	196·876	194·321	391·707
2 31·2	193·734	191·202	385·310	2 22·4	194·398	196·939	391·797
2 39·3	191·207	193·784	385·337	2 49·6	196·976	194·437	391·750
3 8·4	193·839	191·254	385·357	3 0·2	194·444	197·023	391·772

Bar. 30·33 in. Ther. 49·5°. Run + 1·9. Images 1–2. Steadiness 2. F.P. 9·50.

α_2 Centauri.   1881, August 14.

	a^1				b^1		
h m	r	r	R	h m	r	r	R
19 2·5	107·410	110·014	217·570	19 9·7	115·429	112·834	228·427
19 28·5	109·997	107·439	217·604	19 19·6	112·862	115·428	228·464
19 36·8	107·424	110·011	217·610	19 44·3	115·434	112·802	228·436
20 4·0	109·987	107·349	217·539	19 55·3	112·831	115·405	228·449

Bar. 29·24 in. Ther. 54·3°. Run + 2·9. Images 3. Steadiness 3. F.P. 9·50.

ϵ Indi.   1881, August 14.

	b				a		
h m	r	r	R	h m	r	r	R
20 25·4	201·820	204·393	406·329	20 33·9	230·982	228·425	459·539
20 56·2	204·405	201·780	406·300	20 46·7	228·421	231·026	459·577
21 5·2	201·796	204·396	406·307	21 13·7	231·010	228·418	459·558
21 31·1	204·370	201·801	406·287	21 22·1	228·436	230·993	459·560

Bar. 30·24 in. Ther. 54·1°. Run + 5·0. Images 2. Steadiness 2. F.P. 9·50.

α_2 Centauri.   1881, August 16.

	a				b		
h m	r	r	R	h m	r	r	R
17 46·0	194·524	191·976	386·611	17 52·9	240·754	243·325	484·219
18 6·3	191·968	194·549	386·626	17 59·0	243·328	240·725	484·192
18 33·8	194·566	191·962	386·637	18 40·3	240·733	243·339	484·210
18 56·0	191·989	194·530	386·633	18 48·0	243·300	240·747	484·185

Bar. 30·42 in. Ther. 55·8°. Run + 4·9. Images 1-2. Steadiness 1-2. F.P. 9·50.

α_2 Centauri.   1881, August 16.

	b^1				a^1		
h m	r	r	R	h m	r	r	R
19 33·8	115·412	112·826	228·427	19 41·6	107·422	110·000	217·603
19 59·4	112·817	115·419	228·454	19 51·4	109·973	107·392	217·555
20 7·6	115·396	112·898	228·523	20 14·4	107·372	109·936	217·524
20 29·5	112·785	115·358	228·404	20 22·7	109·910	107·383	217·518

Bar. 30·42 in. Ther. 55·8°. Run + 3·4. Images 2. Steadiness 2. F.P. 9·50.

e Eridani.   1881, August 16.

	a				b		
h m	r	r	R	h m	r	r	R
22 8·8	256·693	254·163	511·270	22 17·3	267·702	270·254	538·384
22 35·5	254·184	256·769	511·275	22 28·2	270·262	267·688	538·334
22 42·9	256·767	254·185	511·254	22 50·4	267·718	270·303	538·334

Bar. 30·41 in. Ther. 54·4°. Run + 4·6. Images 2. Steadiness 2-3. F.P. 9·50.

ε Indi. 1881, August 18.

	a				b		
h m	r	r	R	h m	r	r	R
17 12·9	230·949	228·265	459·528	17 23·2	201·703	204·404	406·352
17 38·6	228·307	231·059	459·630	17 31·4	204·396	201·687	406·315
17 45·6	231·030	228·327	459·609	17 54·2	201·734	204·458	406·392
18 12·8	228·331	231·063	459·605	18 4·7	204·406	201·711	406·306

Bar. 30·21 in. Ther. 56°·3. Run + 3·3. Images 3. Steadiness 3. F.P. 9·50.

α_2 Centauri. 1881, August 18.

	a^1				b^1		
h m	r	r	R	h m	r	r	R
18 35·5	110·108	107·325	217·559	18 44·7	112·795	115·550	228·487
19 1·7	107·332	110·082	217·558	18 52·3	115·536	112·778	228·463
19 10·8	110·085	107·322	217·559	19 19·5	112·747	115·484	228·405
19 38·0	107·305	110·050	217·531	19 29·9	115·503	112·758	228·444

Bar. 30·21 in. Ther. 55°·0. Run + 3·1. Images 3. Steadiness 3. F.P. 9·50.

α_2 Centauri. 1881, August 19.

	b				a		
h m	r	r	R	h m	r	r	R
18 6·7	240·659	243·396	484·188	18 16·0	194·649	191·895	386·652
18 33·9	243·371	240·659	484·165	18 25·7	191·918	194·585	386·611
19 10·6	240·682	243·395	484·216	19 21·3	194·616	191·912	386·648
19 41·0	243·375	240·648	484·175	19 35·0	191·919	194·623	386·669

Bar. 30·11 in. Ther. 56°·5. Run + 4·6. Images 2–3. Steadiness 3. F.P. 9·50.

α_2 Centauri. 1881, August 25.

	a				b		
h m	r	r	R	h m	r	r	R
18 11·7	194·542	191·998	386·653	18 20·8	240·756	243·318	484·215
18 39·8	192·001	194·555	386·669	18 30·8	243·281	240·749	484·171
19 12·0	194·543	191·977	386·642	19 21·5	240·761	243·305	484·215
19 43·4	191·965	194·535	386·637	19 31·3	243·306	240·742	484·201

Bar. 30·67 in. Ther. 45°·0. Run + 4·9. Images 2. Steadiness 2. F.P. 9·50.

Sirius. 1881, August 25.

	a				b		
h m	r	r	R	h m	r	r	R
2 46·9	196·996	194·430	391·782	2 54·0	191·227	193·785	385·318
3 11·9	194·486	197·014	391·780	3 4·7	193·774	191·245	385·296
3 18·7	197·016	194·514	391·795	3 28·6	191·287	193·798	385·314
3 45·4	194·542	197·051	391·812	3 37·3	193·811	191·264	385·291

Bar. 30·69 in. Ther. 44°·8. Run + 3·7. Images 1–2. Steadiness 2. F.P. 9·50.

a_2 Centauri.   1881, August 27.

	b				a		
h m	r	r	R	h m	r	r	R
18 23·6	240·736	243·276	484·149	18 31·2	194·521	191·977	386·608
18 45·5	243·283	240·741	484·161	18 38·6	192·000	194·545	386·656
18 52·3	240·753	243·304	484·195	18 59·4	194·548	191·969	386·631
19 16·6	243·302	240·773	484·218	19 8·8	191·999	194·524	386·640

Bar. 30·40 in. Ther. 54°·0. Run + 5·1. Images 2–3. Steadiness 2–3. F.P. 9·50.

ε Indi.   1881, August 27.

	b				a		
h m	r	r	R	h m	r	r	R
19 34·7	201·827	204·373	406·326	19 43·9	230·986	228·424	459·556
20 2·4	204·381	201·829	406·331	19 52·9	228·426	230·979	459·548
20 9·3	201·860	204·386	406·366	20 17·2	230·968	228·444	459·548
20 36·3	204·380	201·822	406·318	20 26·7	228·428	231·005	459·566

Bar. 30·39 in. Ther. 53°·5. Run + 4·5. Images 2. Steadiness 2. F.P. 9·50.

ζ Tucanae.   1881, August 28.

	a				b		
h m	r	r	R	h m	r	r	R
19 54·6	197·929	195·381	393·433	20 3·2	200·522	203·068	403·713
20 20·5	195·409	197·904	393·443	20 11·5	203·039	200·527	403·691
20 29·7	197·911	195·422	393·466	20 37·2	200·541	203·047	403·718
20 54·1	195·392	197·922	393·453	20 47·0	203·075	200·514	403·722

Bar. 30·34 in. Ther. 49°·0. Run + 4·2. Images 3. Steadiness 3. F.P. 9·50.

Sirius.   1881, August 28.

	b				a		
h m	r	r	R	h m	r	r	R
2 44·4	191·276	193·775	385·383	2 51·5	196·991	194·427	391·753
3 8·1	193·810	191·317	385·394	3 0·0	194·456	196·989	391·753
3 16·7	191·273	193·835	385·356	3 25·3	197·033	194·514	391·795
3 45·0	193·824	191·324	385·351	3 35·7	194·532	197·006	391·768

Bar. 30·35 in. Ther. 45°·0. Run + 1·9. Images 1–2. Steadiness 2. F.P. 9·50.

a_2 Centauri.   1881, August 29.

	a				b		
h m	r	r	R	h m	r	r	R
19 11·0	192·004	194·538	386·659	19 18·8	243·275	240·753	484·171
19 36·0	194·500	192·007	386·636	19 27·8	240·760	243·261	484·169
19 44·1	192·003	194·494	386·632	19 52·4	243·244	240·765	484·172
20 10·4	194·496	191·985	386·642	20 2·1	240·747	243·255	484·175

Bar. 30·52 in. Ther. 56°·0. Run + 4·0. Images 2. Steadiness 2. F.P. 9·50.

ε Indi.   1881, August 29.

	a				b		
h m	r	r	R	h m	r	r	R
20 35·6	228·467	230·969	459·568	20 45·1	204·362	201·844	406·319
21 8·0	230·989	228·505	459·524	20 57·1	201·835	204·365	406·315
21 17·9	228·468	230·956	459·555	21 26·5	204·365	201·825	406·306
21 46·6	230·958	228·493	459·584	21 37·3	201·869	204·349	406·333

Bar. 30·32. Ther. 55°·5. Run + 3·8. Images 2. Steadiness 2. F.P. 9·50.

Canopus.   1881, August 30.

	a				b		
h m	r	r	R	h m	r	r	R
1 58·8	54·981	52·480	107·530	2 4·4	45·113	47·598	92·770
2 21·5	52·506	55·002	107·571	2 13·6	47·608	45·101	92·765
2 30·0	55·008	52·509	107·578	2 36·5	45·098	47·611	92·759
2 51·9	52·509	55·010	107·573	2 45·4	47·594	45·121	92·761

Bar. 30·35. Ther. 56°·0. Run + 4·6. Images 1–2. Steadiness 1–2. F.P. 9·50.

Sirius.   1881, August 30.

	a				b		
h m	r	r	R	h m	r	r	R
3 9·6	194·507	197·011	391·796	3 19·1	193·774	191·275	385·287
3 37·2	197·000	194·526	391·749	3 28·9	191·291	193·792	385·305
3 44·6	194·545	197·042	391·801	3 52·8	193·815	191·329	385·335
4 7·8	197·037	194·554	391·776	4 0·7	191·323	193·825	385·330

Bar. 30·33. Ther. 54°·5. Run + 2·4. Images 1–2. Steadiness 2. F.P. 9·50.

α₂ Centauri.   1881, September 3.

	b				a		
h m	r	r	R	h m	r	r	R
19 41·1	243·264	240·772	484·193	19 48·6	192·015	194·520	386·676
20 3·7	240·745	243·263	484·186	19 56·6	194·521	192·008	386·678
20 11·4	243·249	240·774	484·159	20 18·4	192·006	194·501	386·680
20 37·1	240·711	243·227	484·168	20 28·5	194·476	192·003	386·668

Bar. 30·24. Ther. 44°·5. Run + 5·6. Images 2. Steadiness 2. F.P. 9·50.

Sirius.   1881, September 3.

	b				a		
h m	r	r	R	h m	r	r	R
4 8·7	193·806	191·314	385·297	4 14·6	194·594	197·055	391·829
4 27·2	191·355	193·841	385·356	4 21·6	197·093	194·569	391·837
4 31·5	193·843	191·315	385·315	4 36·4	194·580	197·055	391·797

Bar. 30·16. Ther. 45°·0. Run + 3·4. Images 1·2. Steadiness 2. F.P. 9·50.

ζ Tucanae. 1881, September 5.

b | a

h	m	r	r	R	h	m	r	r	R
22	43.1	200.538	203.011	403.702	22	52.2	197.889	195.414	393.460
23	9.1	203.025	200.538	403.718	23	1.0	195.419	197.901	393.478
23	16.0	200.502	203.040	403.697	23	25.1	197.902	195.408	393.468
23	46.2	203.015	200.499	403.669	23	34.8	195.411	197.883	393.451

Bar. 30.14 in. Ther. 47°.3. Run + 5.0. Images 2. Steadiness 2. F.P. 9.50.

ε Indi. 1881, September 5.

b | a

h	m	r	r	R	h	m	r	r	R
0	6.0	204.330	201.852	406.346	0	13.4	228.437	230.942	459.562
0	31.7	201.836	204.328	406.340	0	23.4	230.939	228.443	459.571
0	38.0	204.338	201.843	406.361	0	45.9	228.444	230.916	459.561
1	3.1	201.785	204.342	406.322	0	55.1	230.889	228.461	459.556

Bar. 30.16 in. Ther. 45°.5. Run + 3.2. Images 2. Steadiness 2. F.P. 9.50.

α₂ Centauri. 1881, September 6.

a | b

h	m	r	r	R	h	m	r	r	R
18	44.3	192.038	194.533	386.682	18	50.4	243.278	240.765	484.182
19	3.5	194.535	191.981	386.632	18	56.9	240.751	243.295	484.186
19	12.0	192.033	194.563	386.716	19	19.4	243.278	240.752	484.176
19	40.4	194.515	192.015	386.665	19	29.9	240.765	243.273	484.189

Bar. 30.40 in. Ther. 48°.8. Run + 4.9. Images 1-2. Steadiness 2. F.P. 9.50.

ζ Tucanae. 1881, September 6.

a | b

h	m	r	r	R	h	m	r	r	R
21	26.4	195.387	197.911	393.446	21	33.4	203.018	200.503	403.667
21	50.1	197.928	195.368	393.449	21	41.6	200.513	203.007	403.668
22	0.9	195.414	197.919	393.487	22	9.1	203.000	200.531	403.683
22	26.1	197.924	195.379	393.461	22	18.9	200.531	203.054	403.737

Bar. 30.39 in. Ther. 43°.3. Run + 4.4. Images 1-2. Steadiness 1-2. F.P. 9.50.

Sirius. 1881, September 7.

a | b

h	m	r	r	R	h	m	r	r	R
3	43.4	194.597	197.031	391.842	3	49.5	193.877	191.326	385.397
4	3.5	197.015	194.534	391.739	3	56.7	191.333	193.848	385.368
4	9.4	194.573	197.046	391.803	4	15.5	193.859	191.328	385.357
4	29.5	197.047	194.564	391.776	4	22.6	191.363	193.863	385.389

Bar. 30.38 in. Ther. 53°.0. Run + 2.6. Images 2-3. Steadiness 2-3. F.P. 9.50.

	ε Indi.			1881, September 8.		
	a			b		
h m	r	r	R	h m	r	r	R
19 39·1	228·434	231·007	459·584	19 48·0	204·357	201·838	406·315
20 5·8	230·968	228·475	459·578	19 58·1	201·867	204·342	406·327
20 12·0	228·463	230·956	459·552	20 21·0	204·360	201·885	406·359
20 41·8	230·978	228·431	459·537	20 32·3	201·848	204·364	406·325

Bar. 30·25 in. Ther. 66°·7. Run + 5·0. Images 3. Steadiness 3. F.P. 9·50.

	ζ Tucanae.			1881, September 8.		
	b			a		
h m	r	r	R	h m	r	r	R
21 19·6	203·016	200·493	403·644	21 27·8	195·440	197·868	393·449
21 50·2	200·516	203·030	403·687	21 43·1	197·899	195·389	393·433
21 56·7	203·032	200·474	403·648	22 4·1	195·402	197·900	393·450
22 23·3	200·516	203·010	403·672	22 14·5	197·913	195·406	393·468

Bar. 30·24 in. Ther. 66°·5. Run + 4·6. Images 3. Steadiness 3. F.P. 9·50.

	α_2 Centauri.			1881, September 9.		
	b			a		
h m	r	r	R	h m	r	r	R
19 17·7	243·261	240·743	484·140	19 26·4	192·012	194·506	386·636
19 44·0	240·760	243·254	484·164	19 37·0	194·527	192·000	386·651
19 52·8	243·236	240·779	484·172	20 3·7	192·030	194·488	386·665
20 25·8	240·766	243·229	484·193	20 15·4	194·489	191·997	386·646

Bar. 30·13 in. Ther. 72°·2. Run + 4·1. Images 3. Steadiness 3. F.P. 9·50.

	α_2 Centauri.			1881, September 10.		
	a			b		
h m	r	r	R	h m	r	r	R
19 44·3	194·506	192·003	386·642	19 54·2	240·784	243·252	484·199
20 12·9	191·998	194·481	386·640	20 4·0	243·270	240·723	484·166
20 24·2	194·446	191·985	386·609	20 32·1	240·754	243·224	484·193
20 55·3	191·956	194·430	386·626	20 46·6	243·210	240·727	484·184

Bar. 30·16 in. Ther. 55°·3. Run + 4·3. Images 3. Steadiness 2-3. F.P. 9·50.

	Canopus.			1881, September 13.		
	b			a		
h m	r	r	R	h m	r	r	R
2 28·6	45·146	47·609	92·808	2 34·1	54·970	52·517	107·547
2 46·7	47·594	45·124	92·766	2 41·3	52·540	55·011	107·609
2 53·2	45·135	47·594	92·775	2 59·3	55·011	52·506	107·570
3 15·3	47·594	45·126	92·761	3 7·9	52·531	54·977	107·559

Bar. 30·40 in. Ther. 43°·8. Run + 3·6. Images 1-2. Steadiness 2. F.P. 9·50.

Sirius.   1881, September 13.

	b				a		
h m	r	r	R	h m	r	r	R
3 29·9	193·828	191·317	385·372	3 37·8	194·553	197·000	391·782
3 54·7	191·369	193·810	385·372	3 47·9	196·970	194·536	391·718
4 2·2	193·813	191·326	385·323	4 9·4	194·584	197·018	391·790
4 26·0	191·332	193·811	385·305	4 18·1	197·039	194·566	391·783

Bar. 30·41.   Ther. 43°·0.   Run + 2·6.   Images 2.   Steadiness 2.   F.P. 9·50.

α_2 Centauri.   1881, September 14.

	b				a		
h m	r	r	R	h m	r	r	R
19 4·5	240·757	243·284	484·181	19 11·8	194·522	192·028	386·669
19 29·7	243·238	240·764	484·152	19 21·8	192·042	194·523	386·688
19 41·7	240·775	243·230	484·161	19 51·2	194·494	192·007	386·643
20 9·6	243·241	240·740	484·163	20 0·2	192·003	194·510	386·663

Bar. 30·43.   Ther. 53°·2.   Run + 4·0.   Images 2.   Steadiness 2.   F.P. 9·50.

ζ Tucanae.   1881, September 14.

	a				b		
h m	r	r	R	h m	r	r	R
21 41·6	197·915	195·377	393·441	21 49·5	200·531	203·023	403·700
22 7·8	195·419	197·905	393·477	21 58·6	203·008	200·511	403·667
22 17·0	197·907	195·412	393·473	22 25·7	200·516	202·994	403·665
22 47·2	195·407	197·913	393·477	22 37·2	203·001	200·532	403·683

Bar. 30·43.   Ther. 52°·8.   Run + 4·2.   Images 2.   Steadiness 2.   F.P. 9·50.

ϵ Indi.   1881, September 19.

	b				a		
h m	r	r	R	h m	r	r	R
19 46·2	204·314	201·885	406·323	19 53·7	228·504	230·950	459·595
20 16·3	201·873	204·340	406·330	20 6·1	230·980	228·493	459·610
20 26·9	204·345	201·886	406·346	20 40·8	228·500	230·931	459·562
21 5·5	201·887	204·333	406·334	20 56·5	230·946	228·509	459·584

Bar. 30·33.   Ther. 56°·8.   Run + 6·8.   Images 3.   Steadiness 3.   F.P. 9·50.

Sirius.   1881, September 19.

	a				b		
h m	r	r	R	h m	r	r	R
4 10·6	197·015	194·580	391·777	4 20·4	191·369	193·781	385·313
4 39·7	194·534	197·027	391·718	4 31·3	193·807	191·334	385·295
4 47·9	197·059	194·597	391·807	4 54·9	191·357	193·796	385·294
5 11·0	194·599	197·028	391·765	5 4·7	193·825	191·368	385·329

Bar. 30·32.   Ther. 55°·7.   Run + 3·6.   Images 2.   Steadiness 2.   F.P. 9·50.

ζ Tucanae. 1881, September 20.

	b				a		
h m	r	r	R	h m	r	r	R
22 10·1	203·996	200·523	403·667	22 17·6	195·456	197·926	393·534
22 31·2	200·542	203·010	403·702	22 24·9	197·893	195·402	393·448
22 37·2	203·013	200·541	403·705	22 46·4	195·434	197·911	393·501

Bar. 30·32 in. Ther. 56°·0. Run + 4·4. Images 1–2. Steadiness 2. F.P. 9·50.

Canopus. 1881, September 21.

	a				b		
h m	r	r	R	h m	r	r	R
2 47·8	52·512	55·044	107·610	2 53·4	47·580	45·060	92·684
3 8·1	55·025	52·506	107·582	3 1·3	45·095	47·600	92·738
3 15·7	52·480	55·006	107·535	3 21·9	47·633	45·071	92·743
3 35·6	55·034	52·512	107·590	3 28·6	45·082	47·608	92·728

Bar. 30·27 in. Ther. 53°·2. Run + 4·6. Images 3. Steadiness 2–3. F.P. 9·50.

Sirius. 1881, September 21.

	b				a		
h m	r	r	R	h m	r	r	R
3 52·5	193·815	191·319	385·326	3 59·3	194·532	197·079	391·807
4 16·6	191·325	193·833	385·328	4 8·7	197·067	194·536	391·789
4 25·0	193·851	191·333	385·346	4 32·9	194·543	197·069	391·776
4 53·7	191·354	193·880	385·378	4 42·9	197·088	194·589	391·835

Bar. 30·26 in. Ther. 48°·8. Run + 2·7. Images 2–3. Steadiness 2–3. F.P. 9·50.

$\overset{*}{a}_2$ Centauri. 1881, September 22.

	a				b		
h m	r	r	R	h m	r	r	R
19 18·2	194·560	191·982	386·661	19 26·2	240·760	243·283	484·188
19 42·4	192·014	194·534	386·680	19 33·9	243·285	240·776	484·210
19 51·6	194·563	191·995	386·697	20 2·2	240·751	243·282	484·203
20 20·8	191·962	194·517	386·650	20 11·6	243·293	240·717	484·191

Bar. 30·22 in. Ther. 58°·5. Run + 4·5. Images 2–3. Steadiness 2.

e Eridani. 1881, September 22.

	b				a		
h m	r	r	R	h m	r	r	R
22 23·3	267·655	270·225	538·275	22 32·9	256·793	254·273	511·389
22 52·3	270·295	267·760	538·358	22 42·5	254·258	256·768	511·324
22 58·6	267·757	270·232	538·277	23 6·5	256·806	254·270	511·324
23 24·1	270·333	267·775	538·350	23 14·4	254·250	256·817	511·302

Bar. 30·23 in. Ther. 60°·3. Run + 4·3. Images 2–3. Steadiness 2–3. F.P. 9·50.

ε Indi. 1881, September 23.

	a				b		
h m	r	r	R	h m	r	r	R
20 47·5	230·994	228·479	459·602	20 56·0	201·875	204·354	406·343
21 17·5	228·450	230·956	459·536	21 9·5	204·390	201·845	406·349
21 24·5	230·982	228·452	459·564	21 33·0	201·846	204·376	406·337
21 51·7	228·451	230·999	459·582	21 44·0	204·408	201·854	406·379

Bar. 30·29 in. Ther. 59°·0. Run + 3·7. Images 2–3. Steadiness 2–3. F.P. 9·50.

Sirius. 1881, September 24.

	a				b		
h m	r	r	R	h m	r	r	R
4 22·3	197·068	194·546	391·784	4 28·9	191·394	193·865	385·416
4 46·3	194·615	197·076	391·843	4 39·1	193·846	191·378	385·374
4 53·1	197·048	194·585	391·781	5 2·3	191·419	193·871	385·428
5 20·1	194·661	197·107	391·802	5 11·3	193·786	191·433	385·352

Bar. 30·10 in. Ther. 52°·5. Run + 2·4. Images 1–2. Steadiness 2. F.P. 9·50.

ζ Tucanae. 1881, September 25.

	a				b		
h m	r	r	R	h m	r	r	R
21 8·5	195·475	197·939	393·553	21 15·4	203·021	200·544	403·700
21 34·6	197·913	195·458	393·515	21 26·0	200·571	203·059	403·767
21 41·7	195·458	197·951	393·555	21 48·1	203·053	200·540	403·735
22 4·7	197·905	195·443	393·497	21 56·5	200·561	203·008	403·713

Bar. 29·90 in. Ther. 55°·8. Run + 4·1. Images 1–2. Steadiness 2. F.P. 9·50.

e Eridani. 1881, September 25.

	a				b		
h m	r	r	R	h m	r	r	R
22 47·8	254·293	256·815	511·394	22 56·5	270·282	267·831	538·406
23 14·7	256·800	254·296	511·330	23 6·4	267·816	270·304	538·393
23 22·1	254·303	256·827	511·355	23 30·9	270·334	267·814	538·380
23 50·3	256·821	254·335	511·347	23 40·0	267·821	270·328	538·368

Bar. 29·91 in. Ther. 54°·5. Run + 4·1. Images 1–2. Steadiness 2–3. F.P. 9·52.

α_2 Centauri. 1881, September 26.

	b				a		
h m	r	r	R	h m	r	r	R
20 20·1	240·724	243·247	484·166	20 27·2	194·455	192·098	386·736
20 43·4	243·212	240·714	484·167	20 35·4	191·997	194·481	386·676
20 50·1	240·724	243·226	484·208	20 58·1	194·492	191·970	386·712
21 17·1	243·176	240·633	484·164	21 7·5	191·970	194·428	386·677

Bar. 30·16 in. Ther. 51°·3. Run + 5·2. Images 1–2. Steadiness 2–3. F.P. 9·52.

ζ Tucanae.   1881, September 26.

	b				a		
h m	r	r	R	h m	r	r	R
22 38·8	200·565	203·019	403·736	22 46·8	197·906	195·417	393·480
23 4·2	202·995	200·511	403·659	22 55·2	195·415	197·901	393·473
23 12·0	200·539	203·016	403·709	23 21·2	197·881	195·407	393·446

Bar. 30·17 in. Ther. 50°·3. Run + 5·4. Images 1-2. Steadiness 1-2. F.P. 9·50.

Canopus.   1881, September 28.

	b				a		
h m	r	r	R	h m	r	r	R
3 18·0	47·590	45·089	92·718	3 23·5	52·542	55·052	107·642
3 37·0	45·103	47·589	92·729	3 29·5	55·031	52·522	107·598
3 44·0	47·566	45·106	92·708	3 49·5	52·524	55·008	107·574
4 5·0	45·123	47·605	92·761	3 56·5	55·023	52·529	107·593

Bar. 30·31 in. Ther. 56°·0. Run + 5·6. Images 2-3. Steadiness 2-3. F.P. 9·50.

Sirius.   1881, September 28.

	b				a		
h m	r	r	R	h m	r	r	R
4 24·9	191·379	193·859	385·398	4 31·6	197·072	194·571	391·806
4 48·9	193·843	191·366	385·353	4 41·7	194·594	197·051	391·801
4 56·6	191·365	193·847	385·351	5 3·5	197·048	194·506	391·757
5 21·2	193·870	191·364	385·364	5 13·3	194·595	197·074	391·805

Bar. 30·31 in. Ther. 55°·3. Run + 2·8. Images 2. Steadiness 2. F.P. 9·50.

α_1 Centauri.   1881, September 30.

	a				b		
h m	r	r	R	h m	r	r	R
19 20·1	192·042	194·523	386·684	19 25·6	243·227	240·749	484·120
19 39·5	194·517	192·003	386·649	19 32·6	240·785	243·245	484·177
19 46·3	192·010	194·510	386·654	19 55·7	243·247	240·747	484·157
20 16·1	194·479	191·972	386·615	20 6·1	240·791	243·232	484·197

Bar. 30·20 in. Ther. 60°·0. Run + 3·5. Images 2-3. Steadiness 2-3. F.P. 9·50.

α_2 Centauri.   1881, October 4.

	b				a		
h m	r	r	R	h m	r	r	R
21 0·7	240·706	243·159	484·150	21 6·9	194·435	191·913	386·620
21 19·9	243·176	240·618	484·155	21 13·7	191·952	194·442	386·689
21 26·6	240·661	243·152	484·206	21 33·6	194·412	191·928	386·717
21 54·1	243·066	240·521	484·167	21 44·2	191·841	194·339	386·611

Bar. 30·07 in. Ther. 58°·5. Run + 4·3. Images 2-3. Steadiness 2-3. F.P. 9·50.

Canopus. 1881, October 4.

	a				b		
h m	r	r	R	h m	r	r	R
1 47.2	52.533	54.987	107.593	1 53.9	47.560	45.067	92.689
2 10.3	54.981	52.531	107.577	2 2.1	45.103	47.552	92.714
2 16.2	52.507	55.018	107.588	2 24.8	47.554	45.109	92.716
2 40.3	55.002	52.526	107.578	2 33.5	45.100	47.599	92.748

Bar. 30.07 in. Ther. 57°.0. Run + 4.7. Images 2. Steadiness 2-3.

α₂ Centauri. 1881, October 6.

	a				b		
h m	r	r	R	h m	r	r	R
19 51.7	192.000	194.490	386.629	19 59.2	243.230	240.750	484.147
20 16.2	194.481	192.011	386.657	20 8.9	240.750	243.225	484.152
20 22.2	192.015	194.466	386.654	20 30.0	243.220	240.745	484.175
20 46.7	194.447	191.944	386.610	20 38.1	240.702	243.293	484.121

Bar. 30.07 in. Ther. 56°.0. Run + 3.3. Images 1-2. Steadiness 2.

ε Indi. 1881, October 6.

	b				a		
h m	r	r	R	h m	r	r	R
23 11.7	204.349	201.919	406.409	23 20.7	228.466	230.961	459.583
23 48.7	201.878	204.342	406.373	23 32.2	230.985	228.476	459.622
23 56.6	204.351	201.891	406.399	0 4.8	228.475	230.955	459.605
0 25.4	201.845	204.364	406.378	0 17.8	230.936	228.479	459.596

Bar. 30.08 in. Ther. 54°.8. Run + 4.2. Images 2. Steadiness 2. F.P. 9.50.

Canopus. 1881, October 8.

	b				a		
h m	r	r	R	h m	r	r	R
1 45.2	47.574	45.092	92.733	1 52.5	52.499	55.001	107.571
2 5.5	45.118	47.608	92.785	1 59.2	54.997	52.516	107.582
2 12.2	47.592	45.129	92.777	2 18.0	52.512	54.977	107.552
2 33.3	45.115	47.582	92.748	2 25.7	55.001	52.532	107.594

Bar. 30.10 in. Ther. 55°.0. Run + 4.6. F.P. 9.50.

Sirius. 1881, October 8.

	a				b		
h m	r	r	R	h m	r	r	R
2 47.8	194.539	196.993	391.871	2 57.2	193.797	191.286	385.368
3 15.3	197.006	194.550	391.819	3 8.2	191.285	193.782	385.325
3 23.2	194.547	197.039	391.832	3 32.9	193.847	191.332	385.393
3 52.7	197.101	194.584	391.886	3 43.4	191.340	193.846	385.386

Bar. 30.15 in. Ther. 54°.5. Run + 3.7. Images 1-2. Steadiness 2.

a_2 Centauri. 1881, October 10.

	b				a		
h m	r	r	R	h m	r	r	R
20 17.3	243.211	240.716	484.119	20 26.0	192.010	194.478	386.671
20 45.6	240.716	243.200	484.164	20 36.6	194.479	191.987	386.668
20 54.6	243.200	240.692	484.165	21 5.0	191.950	194.440	386.663
21 29.4	240.628	243.104	484.152	21 19.8	194.422	191.909	386.657

Bar. 30.32 in. Ther. 50°.0. Run + 2.8. Images 1–2. Steadiness 2–3. F.P. 9.50.

ζ Tucanae. 1881, October 10.

	b				a		
h m	r	r	R	h m	r	r	R
22 0.9	200.572	203.039	403.760	22 8.2	197.955	195.422	393.530
22 25.6	203.032	200.539	403.722	22 16.9	195.444	197.940	393.538
22 34.4	200.533	203.039	403.714	22 44.8	197.923	195.459	393.539
23 5.3	203.049	200.519	403.723	22 55.1	195.438	197.939	393.534

Bar. 30.32 in. Ther. 50°.3. Run + 5.9. Images 1–2. Steadiness 2. F.P. 9.50.

ϵ Indi. 1881, October 12.

	a				b		
h m	r	r	R	h m	r	r	R
1 5.8	230.919	228.452	459.579	1 13.1	201.876	204.320	406.393
1 32.7	228.488	230.950	459.664	1 21.6	204.310	201.857	406.369
1 41.1	230.922	228.469	459.622	1 48.7	201.841	204.290	406.351
2 7.4	228.468	230.912	459.629	1 59.8	204.323	201.826	406.376

Bar. 30.23 in. Ther. 57°.5. Run + 3.7. Images 2–3. Steadiness 2–3. F.P. 9.50.

Sirius. 1881, October 12.

	b				a		
h m	r	r	R	h m	r	r	R
2 33.1	193.741	191.300	385.402	2 40.7	194.464	196.947	391.775
2 59.5	191.337	193.775	385.391	2 53.0	196.932	194.492	391.744
3 6.8	193.762	191.313	385.337	3 15.8	194.532	196.964	391.757
3 34.0	191.360	193.798	385.369	3 26.8	196.983	194.539	391.761

Bar. 30.22 in. Ther. 58°.5. Run + 2.7. Images 3. Steadiness 3. F.P. 9.50.

a_2 Centauri. 1881, October 19.

	b				a		
h m	r	r	R	h m	r	r	R
20 51.0	243.195	240.774	484.226	20 58.1	192.016	194.435	386.697
21 17.3	240.695	243.133	484.179	21 8.4	194.381	191.992	386.651
21 23.2	243.126	240.702	484.206	21 29.7	191.960	194.346	386.666
21 46.1	240.641	243.032	484.191	21 38.2	194.350	191.969	386.718

Bar. 30.20 in. Ther. 58°.3. Run + 4.6. Images 2–3. Steadiness 2–3. F.P. 9.50.

ε Indi.   1881, October 19.

	b				a		
h m	r	r	R	h m	r	r	R
0 58·2	201·891	204·307	406·384	1 7·2	230·914	228·452	459·574
1 24·0	204·286	201·830	406·319	1 16·3	228·488	230·926	459·628
1 31·3	201·882	204·311	406·400	1 38·0	230·895	228·464	459·586
1 55·0	204·278	201·847	406·347	1 47·3	228·493	230·876	459·602

Bar. 30·22 in. Ther. 60°·0. Run + 4·0. Images 2–3. Steadiness 2–3. F.P. 9·50.

Sirius.   1881, October 19.

	a				b		
h m	r	r	R	h m	r	r	R
2 16·1	194·455	196·877	391·819	2 25·2	193·663	191·246	385·302
2 43·1	197·914	194·534	391·801	2 35·4	191·281	193·701	385·333
2 49·5	194·514	196·950	391·796	2 57·6	193·707	191·278	385·266
3 17·0	197·004	194·571	391·833	3 7·8	191·308	193·746	385·312

Bar. 30·22 in. Ther. 60°·0. Run + 1·8. Images 1–2. Steadiness 2. F.P. 9·50.

α_2 Centauri.   1881, October 24.

	a				b		
h m	r	r	R	h m	r	r	R
21 35·1	194·383	191·969	386·738	21 40·7	240·667	243·075	484·224
21 54·0	191·913	194·279	386·684	21 47·4	242·991	240·635	484·155
22 1·1	194·277	191·845	386·663	22 9·2	240·573	242·908	484·210
22 26·8	191·759	194·072	386·603	22 17·7	242·845	240·456	484·131

Bar. 30·01 in. Ther. 54°·5. Run + 3·2. Images 2–3. Steadiness 2–3. F.P. 9·50.

ε Indi.   1881, October 28.

	a				b		
h m	r	r	R	h m	r	r	R
1 47·8	228·437	230·904	459·579	1 57·8	204·269	201·803	406·300
2 19·7	230·868	228·426	459·556	2 9·6	201·769	204·307	406·312
2 24·3	228·426	230·884	459·575	2 31·9	204·247	201·797	406·298
2 48·8	230·860	228·406	459·550	2 41·7	201·795	204·228	406·284

Bar. 29·98 in. Ther. 46°·8. Run + 4·2. Images 2. Steadiness 2. F.P. 9·50.

Sirius.   1881, October 28.

	b				a		
h m	r	r	R	h m	r	r	R
3 9·2	193·782	191·302	385·342	3 18·1	194·541	197·030	391·829
3 36·0	191·307	193·772	385·290	3 27·1	197·014	194·512	391·766
3 45·2	193·794	191·293	385·287	3 53·4	194·568	197·043	391·813
4 14·1	191·327	193·799	385·294	4 4·2	197·044	194·565	391·798

Bar. 29·90 in. Ther. 47°·3. Run + 2·8. Images 1. Steadiness 1–2. F.P. 9·50.

	Sirius.				1881, October 30.		
	a				*b*		
h m	r	r	R	h m	r	r	R
2 58·9	196·989	194·473	391·772	3 6·5	191·264	193·755	385·287
3 20·9	194·521	196·997	391·775	3 14·9	193·744	191·279	385·274
3 27·2	197·000	194·478	391·723	3 41·8	191·317	193·783	385·308
3 57·6	194·577	197·041	391·818	3 49·2	193·789	191·299	385·286

Bar. 30·38 in. Ther. 47°·0. Run + 2·2. Images 1–2. Steadiness 2–3. F.P. 9·50.

	α_2 Centauri.				1881, October 31.		
	b				*a*		
h m	r	r	R	h m	r	r	R
21 35·3	243·087	240·564	484·107	21 45·9	191·846	194·339	386·636
22 4·3	240·534	242·955	484·180	21 55·0	194·326	191·812	386·644
22 12·1	242·917	240·443	484·137	22 19·2	191·742	194·216	386·667
22 32·8	240·321	242·738	484·134	22 26·1	194·189	191·674	386·643

Bar. 30·40 in. Ther. 52°·0. Run + 3·1. Images 2–3. Steadiness 2–3. F.P. 9·50.

	ϵ Indi.				1881, October 31.		
	b				*a*		
h m	r	r	R	h m	r	r	R
1 31·0	204·288	201·823	406·323	1 38·4	228·403	230·887	459·523
1 57·2	201·827	204·296	406·352	1 46·9	230·884	228·427	459·549
2 3·9	204·295	201·799	406·328	2 11·9	228·404	230·839	459·500
2 27·7	201·805	204·260	406·316	2 20·6	230·886	228·401	459·551

Bar. 30·35 in. Ther. 50°·5. Run + 3·5. Images 2. Steadiness 2–3. F.P. 9·50.

	ϵ Indi.				1881, November 3.		
	a				*b*		
h m	r	r	R	h m	r	r	R
23 45·5	228·456	230·932	459·553	23 51·0	204·358	201·877	406·388
0 7·4	230·919	228·447	459·540	23 59·1	201·879	204·321	406·356
0 15·1	228·437	230·945	459·561	0 23·2	204·327	201·865	406·360
0 41·6	230·907	228·432	459·531	0 33·0	201·875	204·346	406·393

Bar. 30·09 in. Ther. 60°·2. Run + 2·7. Images 2. Steadiness 2–3. F.P. 9·50.

	ϵ Indi.				1881, November 5.		
	b				*a*		
h m	r	r	R	h m	r	r	R
0 12·1	204·320	201·856	406·337	0 18·8	228·460	230·918	459·558
0 32·5	201·865	204·331	406·367	0 26·2	230·921	228·453	459·557
0 38·4	204·325	201·840	406·340	0 45·2	228·467	230·900	459·561
1 3·1	201·838	204·326	406·352	0 51·2	230·903	228·447	459·548

Bar. 30·02 in. Ther. 60°·4. Run + 3·2. Images 2. Steadiness 2–3. F.P. 9·50.

ε Indi.   1881, November 7.

	a				b		
h m	r	r	R	h m	r	r	R
1 48.2	230.881	228.402	459.516	1 54.3	201.856	204.327	406.405
2 12.6	228.437	230.882	459.571	2 5.5	204.316	201.847	406.393
2 18.3	230.861	228.403	459.521	2 25.4	201.833	204.278	406.355
2 43.1	228.419	230.879	459.573	2 33.6	204.304	201.820	406.374

Bar. 30.00 in. Ther. 55°.3. Run + 3.7. Images 3. Steadiness 3. F.P. 9.50.

Sirius.   1881, November 7.

	b				a		
h m	r	r	R	h m	r	r	R
3 2.0	191.301	193.739	385.313	3 9.4	196.997	194.550	391.823
3 26.1	193.771	191.333	385.328	3 18.6	194.558	196.996	391.808
3 33.5	191.353	193.785	385.351	3 40.2	197.038	194.566	391.820
3 56.8	193.788	191.340	385.312	3 48.4	194.577	197.003	391.785

Bar. 29.96 in. Ther. 54°.8. Run + 2.8. Images 2–3. Steadiness 2–3.

α_2 Centauri.   1881, November 13.

	a				b		
h m	r	r	R	h m	r	r	R
6 46.8	194.412	191.894	386.627	6 55.0	240.569	243.022	484.071
7 21.1	192.012	194.492	386.698	7 7.6	243.067	240.661	484.121
7 30.9	194.487	192.040	386.701	7 39.7	240.690	243.147	484.090
7 55.7	192.025	194.495	386.658	7 48.5	243.188	240.666	484.082

Bar. 30.15 in. Ther. 47°.9. Run + 3.2. Images 3. Steadiness 3.

Sirius.   1881, November 14.

	a				b		
h m	r	r	R	h m	r	r	R
2 17.0	196.858	194.387	391.730	2 25.0	191.237	193.734	385.368
2 40.1	194.419	196.941	391.726	2 32.3	193.724	191.272	385.361
2 48.0	196.900	194.429	391.666	2 56.7	191.325	193.763	385.375
3 14.8	194.488	197.005	391.757	3 4.8	193.792	191.077	385.336

Bar. 30.07 in. Ther. 53°.5. Run + 2.0. Images 3. Steadiness 3. F.P. 9.50.

ε Indi.   1881, November 15.

	b				a		
h m	r	r	R	h m	r	r	R
0 54.1	201.844	204.341	406.369	1 1.2	230.935	228.407	459.547
1 15.8	204.312	201.836	406.346	1 9.6	228.426	230.896	459.532
1 23.2	201.854	204.340	406.396	1 31.2	230.890	228.397	459.511
1 48.7	204.313	201.848	406.381	1 39.7	228.417	230.891	459.537

Bar. 30.04 in. Ther. 55°.5. Run + 5.1. Images 1. Steadiness 2. F.P. 9.50.

ε Indi.   1881, November 18.

	a				b		
h m	r	r	R	h m	r	r	R
0 46·3	230·894	228·414	459·507	0 53·9	201·858	204·333	406·378
1 9·7	228·418	230·909	459·539	1 2·5	204·309	201·888	406·389
1 16·6	230·899	228·409	459·525	1 23·5	201·841	204·326	406·372
1 40·5	228·423	230·879	459·534	1 33·9	204·323	201·803	406·339

Bar. 30·25 in.   Ther. 52°·5.   Run + 4·1.   Images 2.   Steadiness 2.   F.P. 9·50.

α₂ Centauri.   1881, November 18.

	b				a		
h m	r	r	R	h m	r	r	R
6 54·9	240·551	243·048	484·077	7 6·0	194·444	191·976	386·657
7 25·6	243·136	240·658	484·095	7 15·7	191·974	194·483	386·665
7 33·3	240·667	243·164	484·104	7 43·3	194·489	191·998	386·639
8 3·5	243·174	240·742	484·112	7 55·0	192·017	194·492	386·648

Bar. 30·26 in.   Ther. 51°·2.   Run + 3·8.   Images 2.   Steadiness 2-3.   F.P. 9·50.

Sirius.   1881, November 19.

	b				a		
h m	r	r	R	h m	r	r	R
3 33·0	191·302	193·776	385·290	3 39·9	197·033	194·541	391·791
3 55·5	193·816	191·293	385·294	3 47·8	194·554	197·032	391·791
4 2·1	191·312	193·768	385·257	4 11·1	197·053	194·560	391·791
4 28·4	193·824	191·324	385·302	4 20·4	194·609	197·048	391·828

Bar. 30·01 in.   Ther. 57°·0.   Run + 3·7.   Images 2.   Steadiness 2.   F.P. 9·50.

ε Indi.   1881, November 24.

	b				a		
h m	r	r	R	h m	r	r	R
2 36·1	201·821	204·314	406·386	2 43·2	230·867	228·404	459·546
2 59·8	204·235	201·841	406·346	2 51·5	228·395	230·840	459·518
3 8·1	201·837	204·282	406·395	3 16·1	230·842	228·405	459·549
3 37·3	204·269	201·789	406·358	3 28·3	228·415	230·896	459·622

Bar. 30·18 in.   Ther. 57°·9.   Run + 3·5.   Images 3.   Steadiness 3.   F.P. 9·50.

Sirius.   1881, November 25.

	a				b		
h m	r	r	R	h m	r	r	R
4 3·6	194·596	197·093	391·875	4 10·9	193·811	191·328	385·308
4 28·5	197·073	194·594	391·830	4 21·3	191·323	193·844	385·327
4 36·5	194·603	197·037	391·796	4 43·0	193·815	191·326	385·285
4 58·7	197·067	194·590	391·799	4 51·8	191·351	193·824	385·315

Bar. 29·98 in.   Ther. 58°·8.   Run + 2·0.   Images 1-2.   Steadiness 1-2.   F.P. 9·50.

α_2 Centauri.   1881, November 25.

	a				b		
h m	r	r	R	h m	r	r	R
7 40.8	192.001	194.520	386.673	7 47.8	243.151	240.653	484.027
8 4.2	194.500	192.006	386.632	7 55.9	240.666	243.174	484.044
8 12.0	192.024	194.503	386.647	8 19.4	243.161	240.690	484.019
8 34.6	194.512	192.014	386.637	8 26.9	240.691	243.194	484.045

Bar. 29.93 in.   Ther. 59°.5.   Run + 2.5.   Images 2–3.   Steadiness 3.   F.P. 9.50.

α_2 Centauri.   1881, November 28.

	b				a		
h m	r	r	R	h m	r	r	R
7 40.1	243.166	240.719	484.136	7 48.9	192.056	194.526	386.728
8 6.6	240.729	243.270	484.189	7 57.1	194.531	192.063	386.731
8 14.5	243.213	240.706	484.099	8 21.2	192.058	194.575	386.752
8 39.2	240.783	243.267	484.204	8 29.8	194.547	192.051	386.714

Bar. 30.04 in.   Ther. 47°.7.   Run + 4.5.   Images 1–2.   Steadiness 2–3.   F.P. 9.50.

Sirius.   1881, December 1.

	b				a		
h m	r	r	R	h m	r	r	R
3 7.6	193.776	191.269	385.307	3 14.6	194.587	197.036	391.889
3 26.6	191.323	193.796	385.344	3 20.1	197.077	194.582	391.915
3 33.0	193.790	191.332	385.338	3 39.6	194.615	197.092	391.928
3 55.4	191.339	193.815	385.341	3 47.6	197.024	194.667	391.900

Bar. 30.25 in.   Ther. 53°.5.   Run + 2.4.   Images 1–2.   Steadiness 2.   F.P. 9.50.

e Eridani.   1881, December 1.

	a				b		
h m	r	r	R	h m	r	r	R
5 26.0	256.857	254.353	511.380	5 33.9	267.842	270.311	538.327
5 50.9	254.378	256.853	511.406	5 41.8	270.327	267.832	538.335
5 59.8	256.870	254.367	511.414	6 7.6	267.845	270.334	538.359
6 23.0	254.387	256.821	511.389	6 15.6	270.301	267.861	538.345

Bar. 30.25 in.   Ther. 55°.0.   Run + 4.0.   Images 1–2.   Steadiness 2.   F.P. 9.50.

α_2 Centauri.   1881, December 4.

	a				b		
h m	r	r	R	h m	r	r	R
7 58.0	192.089	194.484	386.705	8 6.3	243.157	240.750	484.092
8 20.9	194.513	192.054	386.682	8 13.5	240.766	243.209	484.151
8 44.4	192.072	194.480	386.660	8 50.0	243.187	240.756	484.096
8 56.2	194.491	192.088	386.686	9 4.7	243.170	240.777	484.085

Bar. 29.97 in.   Ther. 60°.5.   Run + 4.3.   Images 2.   Steadiness 2.   F.P. 9.50.

e Eridani. 1881, December 8.

	b				a		
h m	r	r	R	h m	r	r	R
5 25·9	267·878	270·308	538·358	5 33·5	256·814	254·400	511·384
5 47·2	270·292	267·871	538·340	5 40·3	254·419	256·803	511·395
5 53·7	267·882	270·290	538·350	6 3·3	256·805	254·415	511·398
6 21·5	270·305	267·890	538·378	6 12·7	254·393	256·839	511·411

Bar. 30·16 in. Ther. 54°·0. Run + 4·8. Images 1–2. Steadiness 1–2. F.P. 9·50.

e Eridani. 1881, December 9.

	a				b		
h m	r	r	R	h m	r	r	R
6 6·6	254·446	256·851	511·472	6 13·2	270·298	267·898	537·375
6 26·6	256·825	254·447	511·452	6 19·8	267·896	270·299	537·375
6 32·9	254·422	256·822	511·426	6 39·0	270·326	267·884	537·394
6 54·9	256·809	254·423	511·419	6 46·1	267·883	270·311	537·380

Bar. 30·11 in. Run + 1·5. Images 1–2. Steadiness 2. F.P. 9·50.

α_2 Centauri. 1881, December 9.

	b				a		
h m	r	r	R	h m	r	r	R
7 9·2	243·118	240·646	484·137	7 16·8	192·060	194·486	386·746
7 32·1	240·741	243·144	484·156	7 23·9	194·487	192·064	386·694
7 40·6	243·142	240·760	484·146	7 50·2	192·082	194·454	386·676
8 6·5	240·763	243·209	484·158	7 59·4	194·499	192·059	386·689

Bar. 30·07 in. Ther. 60°·0. Run + 3·3. Images 2. Steadiness 2–3. F.P. 9·50.

ζ Tucanae. 1881, December 10.

	a				b		
h m	r	r	R	h m	r	r	R
5 0·7	195·498	197·901	393·511	5 6·3	202·972	200·595	403·680
5 19·0	197·938	195·502	393·556	5 12·3	200·582	202·998	403·694
5 24·7	195·497	197·877	393·492	5 31·4	203·011	200·581	403·714
5 45·7	197·910	195·502	393·541	5 39·0	200·605	202·989	403·719

Bar. 30·05 in. Ther. 61°·3. Run + 2·6. Images 2–3. Steadiness 2–3. F.P. 9·50.

ϵ Indi. 1881, December 11.

	a				b		
h m	r	r	R	h m	r	r	R
1 39·9	228·500	230·861	459·588	1 45·9	204·286	201·868	406·369
2 0·1	230·871	228·502	459·614	1 52·0	201·888	204·299	406·406
2 5·4	228·497	230·852	459·594	2 13·1	204·347	201·926	406·505
2 29·0	230·852	228·468	459·583	2 22·1	201·919	204·281	406·440

Bar. 30·12 in. Ther. 62°·0. Run + 5·1. Images 2–3. Steadiness 2–3. F.P 9·50.

Sirius. 1881, December 12.

	a				b		
h m	r	r	R	h m	r	r	R
2 58·0	194·616	196·975	391·893	3 4·2	193·734	191·335	385·335
3 18·7	196·990	194·613	391·854	3 13·0	191·341	193·773	385·359
3 24·8	194·621	197·076	391·936	3 32·5	193·747	191·350	385·308
3 48·9	197·030	194·645	391·878	3 40·7	191·369	193·765	385·333

Bar. 30·04. Ther. 63°·0. Run + 2·6. Images 2-3. Steadiness 2-3. F.P. 9·50.

ζ Tucanae. 1881, December 13.

	b				a		
h m	r	r	R	h m	r	r	R
4 13·0	202·982	200·573	403·667	4 18·8	195·519	197·928	393·556
4 31·3	200·684	203·019	403·814	4 25·3	197·909	195·529	393·547
4 38·0	202·955	200·608	403·674	4 45·0	195·496	197·862	393·467
4 57·0	200·622	203·022	403·756	4 51·4	197·908	195·502	393·525

Bar. 29·99. Ther. 61°·0. Run + 3·1. Images 2-3. Steadiness 3. F.P. 9·50.

ε Indi. 1881, December 16.

	b				a		
h m	r	r	R	h m	r	r	R
1 53·0	204·338	201·862	406·419	1 58·9	228·477	230·873	459·589
2 14·6	201·889	204·296	406·418	2 8·4	230·787	228·485	459·518
2 20·5	204·246	201·897	406·381	2 28·3	228·475	230·887	459·623
2 44·9	201·893	204·246	406·394	2 37·2	230·818	228·485	459·570

Bar. 29·89. Ther. 60°·0. Run + 2·2. Images 3. Steadiness 3. F.P. 9·50.

e Eridani. 1881, December 16.

	b				a		
h m	r	r	R	h m	r	r	R
5 20·5	270·287	267·891	538·344	5 27·5	254·422	256·810	511·397
5 43·5	267·916	270·278	538·366	5 36·6	256·822	254·429	511·418
5 55·2	270·301	267·906	538·381	6 5·9	254·482	256·822	511·478
6 22·4	267·854	270·307	538·340	6 14·8	256·839	254·430	511·445

Bar. 29·90. Ther. 61°·5. Run + 4·3. Images 2-3. Steadiness 2-3. F.P. 9·50.

ε Indi. 1881, December 17.

	a				b		
h m	r	r	R	h m	r	r	R
2 48·7	228·478	230·860	459·617	2 55·1	204·259	201·895	406·420
3 19·6	230·802	228·448	459·554	3 13·1	201·885	204·217	406·382

Bar. 30·24. Ther. 60°·0. Run + 3·7. Images 2. Steadiness 2-3. F.P. 9·50.

Sirius. 1881, December 18.

	b				a		
h m	r	r	R	h m	r	r	R
3 57·0	193·765	191·393	385·341	4 6·1	194·628	196·996	391·808
4 20·4	191·405	193·763	385·331	4 12·7	197·010	194·659	391·847
4 27·2	193·788	191·419	385·364	4 34·1	194·676	197·019	391·856
4 50·2	191·378	193·770	385·291	4 43·1	197·079	194·676	391·909

Bar. 30·22 in. Ther. 58·0°. Run + 2·3. Images 2-3. Steadiness 2-3. F.P. 9·50.

e Eridani. 1881, December 18.

	b				a		
h m	r	r	R	h m	r	r	R
5 56·4	270·265	267·910	538·352	6 4·6	254·429	256·800	511·406
6 18·6	267·896	270·291	538·369	6 12·1	256·793	254·421	511·392
6 24·5	270·309	267·885	538·377	6 32·7	254·409	256·798	511·391
6 51·0	267·893	270·273	538·354	6 42·1	256·795	254·421	511·402

Bar. 30·22 in. Ther. 57·0°. Run + 4·3. Images 1-2. Steadiness 1-2. F.P. 9·50.

ε Indi. 1881, December 20.

	b				a		
h m	r	r	R	h m	r	r	R
2 36·5	204·232	201·902	406·383	2 47·8	228·486	230·801	459·562
3 3·3	201·874	204·253	406·396	2 54·5	230·802	228·447	459·530
3 12·6	204·237	201·892	406·405	3 21·1	228·440	230·818	459·559
3 44·5	201·892	204·206	406·399	3 35·3	230·791	228·457	459·561

Bar. 30·02 in. Ther. 62·0°. Run + 2·0. Images 2-3. Steadiness 3. F.P. 9·50.

e Eridani. 1881, December 21.

	a				b		
h m	r	r	R	h m	r	r	R
5 37·2	254·419	256·842	511·430	5 44·6	270·297	267·910	538·380
6 4·2	256·933	254·296	511·404	5 52·3	267·886	270·293	538·354
6 11·1	254·331	256·913	511·420	6 18·3	270·385	267·775	538·339
6 41·0	256·908	254·322	511·414	6 30·2	267·776	270·410	538·367

Bar. 30·10 in. Ther. 61·0°. Run + 3·9. Images 2. Steadiness 3. F.P. 9·50.

α₂ Centauri. 1881, December 23.

	a				b		
h m	r	r	R	h m	r	r	R
9 2·6	194·482	192·032	386·621	9 9·8	240·768	243·212	484·119
9 23·4	192·021	194·529	386·659	9 17·6	243·227	240·703	484·068
9 29·7	194·539	191·997	386·646	9 36·7	240·744	243·231	484·111
9 53·9	192·027	194·475	386·615	9 44·9	243·194	240·726	484·056

Bar. 30·09 in. Ther. 53·5°. Run + 3·8. Images 1. Steadiness 2. F.P. 9·50.

Sirius.   1881, December 24.

	a				b		
h m	r	r	R	h m	r	r	R
4 12·0	197·061	194·611	391·848	4 18·9	191·319	193·816	385·296
4 35·4	194·604	197·119	391·882	4 26·6	193·820	191·348	385·322
4 42·8	197·087	194·617	391·857	4 49·5	191·368	193·807	385·316
5 7·7	194·629	197·089	391·855	4 59·0	193·832	191·329	385·297

Bar. 30·06 in. Ther. 60°·8. Run + 4·0. Images 2–3. Steadiness 3. F.P. 9·50.

α_2 Centauri.   1881, December 25.

	b				a		
h m	r	r	R	h m	r	r	R
7 17·2	240·642	243·147	484·122	7 25·0	194·470	192·002	386·653
7 41·0	243·167	240·688	484·099	7 32·7	192·026	194·484	386·676
7 50·0	240·714	243·153	484·086	7 59·1	194·492	192·001	386·625
8 15·8	243·220	240·707	484·101	8 7·0	192·014	194·473	386·612

Bar. 30·07 in. Ther. 59°·0. Run + 2·6. Images 2. Steadiness 2. F.P. 9·50.

ϵ Indi.   1882, January 4.

	a				b		
h m	r	r	R	h m	r	r	R
3 9·0	230·828	228·384	459·503	3 17·2	201·845	204·315	406·437
3 33·4	228·388	230·784	459·480	3 24·1	204·288	201·835	406·406
3 41·0	230·779	228·395	459·489	3 47·8	201·872	204·253	406·426
4 1·8	228·387	230·803	459·520	3 55·6	204·258	201·822	406·386

Bar. 30·06 in. Ther. 66°·0. Run + 2·6. Images 2–3. Steadiness 3. F.P. 9·58.

Sirius.   1882, January 17.

	b				a		
h m	r	r	R	h m	r	r	R
3 59·5	193·787	191·341	385·304	4 3·9	194·608	197·080	391·870
4 16·9	191·342	193·814	385·316	4 11·6	197·094	194·611	391·879
4 22·4	193·796	191·328	385·279	4 27·6	194·630	197·097	391·887
4 38·8	191·332	193·826	385·302	4 33·4	197·083	194·650	391·889

Bar. 30·04 in. Ther. 69°·5. Run + 2·4. Images 2. Steadiness 2. F.P. 9·42.

α_2 Centauri.   1882, January 17.

	a				b		
h m	r	r	R	h m	r	r	R
7 53·7	194·473	191·973	386·581	8 1·0	240·712	243·190	484·095
8 13·2	192·001	194·510	386·629	8 7·6	243·195	240·680	484·056
8 19·8	194·499	191·989	386·602	8 28·1	240·747	243·234	484·138
8 45·9	193·017	194·512	386·636	8 35·6	243·186	240·716	484·053

Bar. 30·05 in. Ther. 67°·0. Run + 3·2. Images 2–3. Steadiness 2–3. F.P. 9·50.

e Eridani.   1882, January 18.

	a				b		
h m	r	r	R	h m	r	r	R
6 55·0	256·862	254·350	511·397	7 1·3	267·795	270·311	538·292
7 13·7	254·354	256·824	511·367	7 7·7	270·296	267·812	538·295
7 19·1	256·811	254·367	511·369	7 26·1	267·804	270·305	538·299
7 39·0	254·350	256·854	511·398	7 32·3	270·307	267·789	538·287

Bar. 30·07 in.   Ther. 65°·0.   Run + 3·1.   Images 2–3.   Steadiness 3.

a_2 Centauri.   1882, January 18.

	b				a		
h m	r	r	R	h m	r	r	R
8 21·9	240·727	243·162	484·054	8 29·5	194·481	192·008	386·601
8 40·3	243·209	240·703	484·060	8 35·9	191·992	194·499	386·601
8 45·9	240·731	243·213	484·089	8 52·3	194·535	191·988	386·630
9 6·2	243·202	240·729	484·079	8 59·2	192·042	194·500	386·648

Bar. 30·11 in.   Ther. 62°·5.   Run + 3·5.   Images 2–3.   Steadiness 2–3.

e Eridani.   1882, January 19.

	b				a		
h m	r	r	R	h m	r	r	R
6 19·1	270·318	267·833	538·331	6 25·9	254·370	256·844	511·394
6 39·7	267·835	270·299	538·318	6 33·1	256·842	254·370	511·394
6 46·3	270·325	267·828	538·339	6 53·7	254·369	256·842	511·398
7 9·8	267·849	270·261	538·299	7 1·4	256·822	254·385	511·396

Bar. 30·15 in.   Ther. 61°·0.   Run + 4·1.   Images 2.   Steadiness 2–3.

ϵ Indi.   1882, January 20.

	a				b		
h m	r	r	R	h m	r	r	R
3 51·3	230·785	228·344	459·454	3 57·7	201·828	204·289	406·427
4 13·0	228·392	230·795	459·528	4 5·8	204·285	201·798	406·399
4 20·6	230·782	228·382	459·511	4 28·0	201·801	204·260	406·391
4 45·4	228·335	230·809	459·507	4 36·1	204·248	201·809	406·391

Bar. 30·05 in.   Ther. 63°·0.   Run + 4·2.   Images 2–3.   Steadiness 3.   F.P. 9·50.

a_2 Centauri.   1882, January 20.

	a^1				b^1		
h m	r	r	R	h m	r	r	R
10 34·5	108·670	108·678	217·472	10 48·9	114·133	114·140	228·391
10 41·9	108·716	108·729	217·564	10 55·2	114·129	114·143	228·387
11 19·0	108·708	108·740	217·548	11 3·5	114·140	114·150	228·401
11 26·7	108·721	108·747	217·565	11 10·2	114·169	114·157	228·434

Bar. 30·00 in.   Ther. 61°·5.   Run + 0·7.   Images 2–3.   Steadiness 2–3.   F.P. 9·50.

Sirius. 1882, January 21.

	a				b		
h m	r	r	R	h m	r	r	R
3 48.0	197.061	194.620	391.883	3 53.7	191.346	193.788	385.318
4 6.1	194.651	197.098	391.931	4 0.0	193.774	191.347	385.299
4 13.0	197.123	194.652	391.949	4 20.9	191.361	193.767	385.287
4 35.2	194.654	197.104	391.915	4 28.9	193.785	191.353	385.289

Bar. 30.03 in. Ther. 65°.0. Run + 3.3. Images 2. Steadiness 2. F.P. 9.50.

a_2 Centauri. 1882, January 21.

	a				b		
h m	r	r	R	h m	r	r	R
7 16.3	191.963	194.465	386.627	7 23.3	243.147	240.664	484.112
7 39.2	194.428	192.041	386.622	7 31.4	240.688	243.117	484.075
7 45.5	192.028	194.451	386.623	7 52.5	243.149	240.709	484.068
8 9.0	194.503	192.008	386.633	8 1.3	240.718	243.169	484.079

Bar. 30.03 in. Ther. 65°.0. Run + 2.7. Images 2. Steadiness 2–3.

a_2 Centauri. 1882, January 22.

	b^1				a^1		
h m	r	r	R	h m	r	r	R
8 8.9	112.833	115.274	228.358	8 16.1	109.855	107.429	217.533
8 32.8	115.306	112.875	228.406	8 25.5	107.387	109.915	217.538
8 39.0	112.872	115.321	228.411	8 45.5	109.884	107.429	217.526
9 1.1	115.290	112.870	228.356	8 54.4	107.443	109.905	217.552

Bar. 30.02 in. Ther. 69°.5. Run + 2.9. Images 3. Steadiness 3. F.P. 9.50.

ζ Tucanae. 1882, January 23.

	a				b		
h m	r	r	R	h m	r	r	R
4 36.3	197.863	195.494	393.465	4 42.9	200.554	202.995	403.659
4 56.4	195.458	197.931	393.499	4 49.9	203.013	200.542	403.666
5 2.4	197.941	195.459	393.511	5 8.7	200.552	203.013	403.678
5 25.4	195.459	197.903	393.478	5 16.4	202.999	200.563	403.675

Bar. 29.98 in. Ther. 65°.0. Run + 2.4. Images 2–3. Steadiness 3. F.P. 9.50.

a_2 Centauri. 1882, January 28.

	a^1				b^1		
h m	r	r	R	h m	r	r	R
10 19.6	107.515	109.952	217.600	10 26.4	115.321	112.915	228.368
10 40.1	109.933	107.510	217.564	10 34.1	112.944	115.355	228.427
10 47.1	107.515	109.923	217.554	10 54.0	115.341	112.954	228.411
11 10.8	109.944	107.523	217.572	11 2.5	112.958	115.346	228.416

Bar. 29.92 in. Ther. 60°.0. Run + 2.2. Images 2. Steadiness 2. F.P. 9.60.

a_2 Centauri.   1882, February 3.

b

h	m	r	r	R
8	6·9	241·936	241·907	484·029
8	12·1	241·966	241·949	484·093
8	46·2	241·955	241·951	484·052
8	51·7	241·969	241·982	484·095

a

h	m	r	r	R
8	17·4	193·257	193·234	386·608
8	23·1	193·224	193·248	386·587
8	29·7	193·256	193·273	386·642
8	37·4	193·233	193·245	386·589

Bar. 29·89 in. Ther. 56°·0. Run + 3·5. Images 2. Steadiness 2–3. F.P. 9·50.

---

a_2 Centauri.   1882, February 3.

b^1

h	m	r	r	R
10	29·2	114·138	114·134	228·403
10	39·3	114·133	114·106	228·365
11	25·0	114·145	114·146	228·390
11	32·5	114·155	114·148	228·399

a^1

h	m	r	r	R
10	50·3	108·734	108·723	217·523
10	59·0	108·727	108·728	217·566
11	8·3	108·730	108·729	217·569
11	16·0	108·734	108·739	217·580

Bar. 29·81 in. Ther. 55°·5. Run + 0·6. Images 2. Steadiness 2.

---

a_2 Centauri.   1882, February 5.

a^1

h	m	r	r	R
8	53·9	107·481	109·906	217·596
9	15·5	109·905	107·451	217·542
9	24·0	107·426	109·901	217·506
9	50·0	109·926	107·481	217·563

b^1

h	m	r	r	R
9	0·2	115·292	112·872	228·365
9	7·7	112·876	115·338	228·408
9	32·1	115·342	112·896	228·410
9	43·0	112·913	115·340	228·417

Bar. 30·05 in. Ther. 59°·0. Run + 2·3. Images 2. Steadiness 2–3. F.P. 9·50.

---

a_2 Centauri.   1882, February 6.

b^1

h	m	r	r	R
8	28·9	112·909	115·361	228·502
8	51·3	115·273	112·892	228·373
8	58·4	112·917	115·287	228·406
9	24·5	115·293	112·882	228·353

a^1

h	m	r	r	R
8	35·5	109·898	107·438	217·564
8	44·3	107·446	109·874	217·538
9	6·5	109·854	107·482	217·531
9	16·2	107·509	109·886	217·580

Bar. 30·06 in. Ther. 62°·5. Run + 0·4. Images 2. Steadiness 3. F.P. 9·50.

Sirius.   1882, February 6.

b

h	m	r	r	R
9	37·3	191·399	193·840	385·373
10	2·3	193·801	191·338	385·287
10	8·3	191·334	193·789	385·275
10	28·1	193·776	191·313	385·258

a

h	m	r	r	R
9	44·3	197·086	194·652	391·874
9	54·3	194·636	197·069	391·848
10	14·4	197·122	194·661	391·986
10	21·1	194·671	197·118	391·948

Bar. 30·05 in. Ther. 58°·5. Run + 1·1. Images 3. Steadiness 3. F.P. 9·50.

α_2 Centauri.   1882, February 8.

a^1

h	m	r	r	R
12	16.0	107.543	109.969	217.592
12	36.5	109.972	107.543	217.590
12	43.5	107.545	109.981	217.600
13	7.4	109.991	107.557	217.617

b^1

h	m	r	r	R
12	22.0	115.366	112.963	228.410
12	29.4	112.980	115.377	228.436
12	50.3	115.400	112.960	228.435
13	0.3	112.947	115.395	228.415

Bar. 30.22 in. Ther. 46°.0. Run + 0.2. Images 2. Steadiness 2. F.P. 9.50.

α_2 Centauri.   1882, February 10.

b^1

h	m	r	r	R
11	14.6	115.323	112.921	228.349
11	38.2	112.957	115.361	228.414
11	48.3	115.375	112.988	228.455
12	14.5	112.968	115.357	228.408

a^1

h	m	r	r	R
11	21.9	107.562	109.972	217.632
11	29.5	109.929	107.517	217.542
11	56.4	107.546	109.927	217.558
12	5.5	109.963	107.572	217.618

Bar. 29.97 in. Ther. 62°.5. Run + 0.5. Images 2. Steadiness 2–3. F.P. 9.50.

α_2 Centauri.   1882, February 11.

a^1

h	m	r	r	R
10	35.3	109.943	107.553	217.618
10	58.8	107.505	109.895	217.509
11	5.2	109.946	107.490	217.542
11	31.2	107.545	109.958	217.598

b^1

h	m	r	r	R
10	42.2	112.933	115.332	228.386
10	51.8	115.325	112.930	228.370
11	13.4	112.960	115.367	228.432
11	21.5	115.319	112.923	228.343

Bar. 29.99 in. Ther. 70°.0. Run + 2.0. Images 2–3. Steadiness 2–3. F.P. 9.50.

α_2 Centauri.   1882, February 12.

b^1

h	m	r	r	R
10	18.1	112.907	115.313	228.356
10	42.0	115.254	112.960	228.337
10	50.5	112.941	115.312	228.370
11	19.4	115.342	112.943	228.389

a^1

h	m	r	r	R
10	25.3	109.884	107.521	217.534
10	34.2	107.544	109.954	217.622
10	57.7	109.957	107.525	217.592
11	9.7	107.497	109.935	217.537

Bar. 29.99 in. Ther. 66°.0. Run + 2.7. Images 3. Steadiness 3. F.P. 9.50.

α_2 Centauri.   1882, February 13.

a^1

h	m	r	r	R
12	11.3	107.563	109.960	217.603
12	35.3	109.999	107.547	217.620
12	41.0	107.513	109.937	217.521
13	2.9	110.001	107.528	217.598

b^1

h	m	r	r	R
12	17.0	115.332	112.954	228.368
12	28.4	112.958	115.362	228.398
12	47.0	115.389	112.955	228.418
12	57.4	112.939	115.391	228.402

Bar. 30.00 in. Ther. 67°.0. Run + 0.4. Images 2. Steadiness 2. F.P. 9.50.

α_2 Centauri.   1882, February 14.

	a				b		
h m	r	r	R	h m	r	r	R
7 50.4	192.009	194.453	386.600	7 57.1	243.140	240.713	484.053
8 11.0	194.470	191.991	386.580	8 3.9	240.727	243.160	484.076
8 17.0	192.029	194.460	386.605	8 25.7	243.165	240.751	484.075
8 44.1	194.454	192.065	386.627	8 36.7	240.762	243.169	484.080

Bar. 29.99. Ther. 67°.0. Run + 4.0. Images 1–2. Steadiness 2–3. F.P. 9.50.

α_2 Centauri.   1882, February 16.

	b^1				a^1		
h m	r	r	R	h m	r	r	R
11 47.0	114.157	114.166	228.417	11 54.1	108.748	108.724	217.560
12 13.0	114.156	114.149	228.391	12 7.3	108.742	108.784	217.609
12 19.2	114.159	114.171	228.413	12 26.2	108.760	108.749	217.587
12 36.5	114.218	114.159	228.456	12 42.6	108.770	108.748	217.592

Bar. 30.21. Ther. 59°.0. Run + 2.3. Images 1. Steadiness 1. F.P. 9.50.

α_2 Centauri.   1882, February 17.

	a^1				b^1		
h m	r	r	R	h m	r	r	R
8 16.1	109.895	107.467	217.614	8 23.6	112.893	115.285	228.415
8 38.4	107.463	109.883	217.571	8 31.7	115.304	112.859	228.392
8 45.8	109.877	107.464	217.557	8 54.5	112.886	115.260	228.351
9 13.7	107.464	109.903	217.554	9 4.6	115.293	112.865	228.353

Bar. 30.10. Ther. 64°.0. Run + 2.5. Images 3. Steadiness 3. F.P. 9.50.

Sirius.   1882, February 17.

	a				b		
h m	r	r	R	h m	r	r	R
9 45.8	197.054	194.660	391.849	9 53.3	191.405	193.844	385.392
10 9.9	194.686	197.105	391.940	10 0.3	193.787	191.355	385.288
10 21.3	197.053	194.677	391.888	10 31.4	191.370	193.733	385.273
10 47.4	194.690	197.089	391.961	10 39.9	193.813	191.334	385.327

Bar. 30.10. Ther. 62°.5. Run + 1.9. Images 2–3. Steadiness 2–3. F.P. 9.50.

α_2 Centauri.   1882, February 18.

	b^1				a^1		
h m	r	r	R	h m	r	r	R
9 28.5	114.088	114.090	228.352	9 40.6	108.670	108.738	217.571
9 34.2	114.117	114.094	228.380	9 47.9	108.703	108.727	217.587
10 11.2	114.151	114.134	228.426	9 56.0	108.686	108.659	217.495
10 19.5	114.119	114.123	228.378	10 3.4	108.686	108.693	217.524

Bar. 30.08. Ther. 65°.0. Run + 1.1. Images 3. Steadiness 3. F.P. 9.50.

Sirius. 1882, February 19.

	b				a		
h m	r	r	R	h m	r	r	R
9 21·6	193·797	193·778	385·299	9 27·8	194·713	194·743	391·953
9 41·6	191·398	191·366	385·296	9 34·5	197·096	197·143	391·968
9 51·6	191·413	191·386	385·336	9 58·7	197·113	197·110	391·962
10 13·6	193·805	193·780	385·336	10 5·4	194·700	194·664	391·906

in
Bar. 29·86.   Ther. 71°·5.   Run + 1·2.   Images 2–3.   Steadiness 2–3.   F.P. 9·50.

α_2 Centauri. 1882, February 25.

	a^1				b^1		
h m	r	r	R	h m	r	r	R
10 4·4	108·751	108·694	217·591	10 9·6	114·102	114·088	228·334
10 24·6	108·727	108·735	217·593	10 17·8	114·101	114·088	228·328
10 31·3	108·751	108·717	217·595	10 37·9	114·116	114·115	228·357
10 58·3	108·721	108·727	217·560	10 47·9	114·116	114·118	228·354

in
Bar. 30·25.   Ther. 61°·5.   Run + 3·6.   Images 2.   Steadiness 2.   F.P. 9·50.

Sirius. 1882, February 26.

	a				b		
h m	r	r	R	h m	r	r	R
9 19·3	194·694	197·140	391·961	9 26·8	193·769	191·319	385·217
9 43·8	197·162	194·626	391·923	9 35·9	191·371	193·883	385·386
9 53·7	194·736	197·194	392·070	10 1·7	193·851	191·322	385·320
10 19·4	197·110	194·671	391·938	10 10·7	191·366	193·775	385·294

in
Bar. 30·13.   Ther. 63°·0.   Run + 0·4.   Images 3.   Steadiness 3.   F.P. 9·50.

α_2 Centauri. 1882, March 3.

	b				a		
h m	r	r	R	h m	r	r	R
9 47·9	243·196	240·760	484·090	10 16·1	191·991	194·468	386·575
10 51·4	240·715	243·165	484·024	10 42·1	194·436	192·038	386·595
10 56·4	243·175	240·749	484·069	11 14·4	192·000	194·443	386·570
				11 51·4	194·473	192·025	386·630

in
Bar. 30·11   Ther. 60°·0.   Run + 2·9.   Images 2–3.   Steadiness 2–3.   F.P. 9·50.

α_2 Centauri. 1882, March 4.

	a				b		
h m	r	r	R	h m	r	r	R
8 23·4	194·427	191·989	386·551	8 31·4	240·727	243·172	484·055
8 42·7	192·022	194·464	386·596	8 37·2	243·172	240·723	484·046
8 47·6	194·464	192·025	386·596	8 55·2	240·752	243·188	484·081
9 9·9	192·051	194·468	386·625	9 2·4	243·171	240·764	484·074

in
Bar. 30·10.   Ther. 60°·0.   Run + 2·3.   Images 2.   Steadiness 2–3.

α_2 Centauri. 1882, March 4.

	b^1				a^1		
h m	r	r	R	h m	r	r	R
9 41·8	112·892	115·296	228·353	9 48·5	109·956	107·535	217·648
10 5·3	115·360	112·935	228·442	9 57·2	107·480	109·918	217·549
10 11·4	112·906	115·340	228·388	10 17·4	109·952	107·507	217·595
10 32·3	115·345	112·898	228·373	10 25·2	107·507	109·958	217·596

Bar. 30·09 in. Ther. 60°·0. Run + 2·9. Images 2. Steadiness 2.

ζ Tucanae. 1882, March 5.

	a				b		
h m	r	r	R	h m	r	r	R
6 32·9	197·867	195·448	393·497	6 41·1	200·505	202·928	403·624
6 54·3	195·400	197·820	393·444	6 47·0	202·918	200·508	403·629
7 2·3	197·820	195·382	393·445	7 10·2	200·474	202·866	403·599
7 26·8	195·395	197·760	393·473	7 19·3	202·899	200·455	403·642

Bar. 30·15 in. Ther. 66°·0. Run + 2·8. Images 2. Steadiness 2–3. F.P. 9·50.

α_2 Centauri. 1882, March 5.

	b				a		
h m	r	r	R	h m	r	r	R
11 17·7	240·725	243·196	484·070	11 22·3	194·488	192·012	386·627
11 36·6	243·178	240·724	484·063	11 30·0	192·014	194·458	386·601
11 42·0	240·735	243·148	484·035	11 49·8	194·459	191·996	386·586
12 3·5	243·176	240·727	484·058	11 57·2	192·013	194·456	386·601

Bar. 30·15 in. Ther. 65°·0. Run + 3·7. Images 1–2. Steadiness 1. F.P. 9·50.

α_2 Centauri. 1882, March 6.

	a				b		
h m	r	r	R	h m	r	r	R
8 14·8	194·424	191·986	386·530	8 21·6	240·716	243·154	484·037
8 35·5	192·044	194·417	386·572	8 28·4	243·158	240·750	484·068
8 42·2	194·465	192·046	386·621	8 49·1	240·743	243·175	484·063
9 5·2	192·012	194·457	386·576	8 58·0	243·202	240·752	484·095

Bar. 30·14 in. Ther. 59°·0. Run + 2·9. Images 2–3. Steadiness 2–3. F.P. 9·50.

Sirius. 1882, March 6.

	b				a		
h m	r	r	R	h m	r	r	R
9 29·3	193·815	191·343	385·290	9 36·0	194·676	197·135	391·944
9 52·0	191·375	193·776	385·294	9 44·5	197·130	194·667	391·935
9 59·9	193·794	191·333	385·275	10 9·9	194·678	197·154	391·985
10 23·8	191·347	193·798	385·312	10 16·8	197·138	194·675	391·970

Bar. 30·14 in. Ther. 56°·0. Run + 1·8. Images 2. Steadiness 2–3.

Canopus.   1882, March 8.

	a				b		
h m	r	r	R	h m	r	r	R
8 38·9	55·004	52·573	107·617	8 44·9	45·131	47·587	92·753
9 0·7	52·558	54·987	107·588	8 54·0	47·599	45·170	92·805
9 6·9	54·987	52·582	107·612	9 13·9	45·166	47·591	92·796
9 33·1	52·537	54·985	107·570	9 23·9	47·594	45·164	92·799

Bar. 30·33 in.   Ther. 58°·0.   Run + 3·6.   Images 2.   Steadiness 2.   F.P. 9·50.

Sirius.   1882, March 8.

	a				b		
h m	r	r	R	h m	r	r	R
9 52·8	194·679	197·163	391·984	10 0·2	193·776	191·346	385·271
10 17·2	197·145	194·652	391·954	10 8·7	191·342	193·765	385·261
10 25·3	194·704	197·093	391·961	10 34·2	193·769	191·345	385·291
10 48·7	197·106	194·621	391·915	10 41·4	191·328	193·812	385·324

Bar. 30·33 in.   Ther. 57°·0.   Run + 1·7.   Images 2–3.   Steadiness 2–3.

---

e Eridani.   1882, March 9.

	a				b		
h m	r	r	R	h m	r	r	R
7 12·0	256·800	254·364	511·356	7 17·1	267·786	270·257	538·235
7 31·0	254·366	256·857	511·420	7 24·1	270·258	267·787	538·238
7 38·2	256·874	254·352	511·425	7 45·3	267·774	270·287	538·257
8 4·2	254·380	256·830	511·413	7 54·5	270·262	267·799	538·259

Bar. 30·21 in.   Ther. 60°·0.   Run + 3·2.   Images 2.   Steadiness 2–3.   F.P. 9·50.

ε Indi.   1882, March 10.

	a				b		
h m	r	r	R	h m	r	r	R
15 36·1	230·565	228·153	459·428	15 42·7	201·751	204·173	406·455
15 58·3	228·228	230·666	459·475	15 51·3	204·256	201·733	406·483
16 6·4	230·689	228·241	459·471	16 16·8	201·804	204·285	406·488
16 36·8	228·311	230·724	459·452	16 27·4	204·273	201·856	406·496

Bar. 30·05 in.   Ther. 55°·0.   Run + 3·5.   Images 3.   Steadiness 3.   F.P. 9·50.

---

e Eridani.   1882, March 11.

	b				a		
h m	r	r	R	h m	r	r	R
7 25·6	267·837	270·289	538·317	7 32·8	256·859	254·396	511·449
7 52·1	270·279	267·811	538·284	7 44·3	254·445	256·862	511·503
8 0·6	267·816	270·190	538·201	8 7·2	256·848	254·415	511·463
8 22·7	270·286	267·821	538·304	8 15·3	254·375	256·877	511·452

Bar. 29·97 in.   Ther. 63°·0.   Run + 2·2.   Images 2–3.   Steadiness 3–4.   F.P. 9·50.

	Sirius.				1882, March 13.		
	b				a		
h m	r	r	R	h m	r	r	R
9 20.5	191.369	193.802	385.299	9 27.8	197.115	194.665	391.909
9 42.0	193.817	191.334	385.287	9 34.8	194.648	197.120	391.900
9 50.5	191.372	193.833	385.345	9 57.6	197.172	194.649	391.965
10 16.1	193.820	191.353	385.331	10 7.6	194.677	197.104	391.930

Bar. 30.15 in. Ther. 61°.0. Run + 2.0. Images 2. Steadiness 2. F.P. 9.50.

	ζ Tucanae.				1882, March 14.		
	b				a		
h m	r	r	R	h m	r	r	R
6 46.9	200.476	202.935	403.614	6 57.6	197.876	195.375	393.484
7 16.7	202.941	200.373	403.595	7 8.4	195.310	197.882	393.453
7 26.6	200.376	202.884	403.575	7 33.8	197.849	195.312	393.507
7 50.6	202.835	200.393	403.651	7 42.6	195.318	197.781	393.483

Bar. 30.12 in. Ther. 61°.5. Run + 2.5. Images 2-3. Steadiness 3. F.P. 9.50.

	Sirius.				1882, March 14.		
	a				b		
h m	r	r	R	h m	r	r	R
10 36.6	197.088	194.624	391.885	10 43.0	191.349	193.781	385.314
10 57.6	194.606	197.109	391.912	10 51.6	193.781	191.314	385.290
11 4.8	197.112	194.620	391.941	11 11.8	191.314	193.738	385.282
11 28.3	194.649	197.095	392.001	11 21.3	193.734	191.304	385.292

Bar. 30.13 in. Ther. 58°.5. Run + 2.0. Images 2. Steadiness 2.

	Sirius.				1882, March 15.		
	b				a		
h m	r	r	R	h m	r	r	R
8 42.9	191.347	193.814	385.277	8 49.0	197.141	194.668	391.927
9 5.1	193.806	191.348	385.275	8 58.4	194.678	197.107	391.904
9 10.8	191.361	193.809	385.293	9 16.4	197.118	194.660	391.902
9 30.6	193.830	191.343	385.303	9 22.7	194.666	197.126	391.918

Bar. 30.09 in. Ther. 64°.5. Run + 1.6. Images 1-2. Steadiness 1-2. F.P. 9.50.

	Sirius.				1882, March 16.		
	a				b		
h m	r	r	R	h m	r	r	R
9 30.4	194.719	197.121	391.971	9 47.3	193.790	191.408	385.337
10 2.6	197.122	194.665	391.934	9 55.8	191.340	193.792	385.276
10 13.1	194.679	197.159	391.990	10 22.9	193.781	191.337	385.281
10 41.6	197.090	194.704	391.970	10 33.3	191.355	193.758	385.286

Bar. 30.08 in. Ther. 60°.0. Run + 2.9. Images 1-2. Steadiness 2. F.P. 9.50.

a_2 Centauri. 1882, March 17.

	b				a		
h m	r	r	R	h m	r	r	R
10 47·6	240·776	243·185	484·105	10 54·3	194·452	192·012	386·586
11 8·3	243·192	240·758	484·097	11 1·4	192·017	194·465	386·607
11 16·3	240·748	243·215	484·112	11 25·1	194·480	192·016	386·625
11 42·4	243·201	240·768	484·122	11 34·0	192·047	194·439	386·616

Bar. 30·17 in. Ther. 60°·5. Run + 2·2. Images 1. Steadiness 2. F.P. 9·50.

ζ Tucanae. 1882, March 20.

	a				b		
h m	r	r	R	h m	r	r	R
7 8·2	195·465	197·848	393·572	7 16·4	202·868	200·442	403·588
7 29·6	197·793	195·372	393·493	7 23·0	200·480	202·865	403·646
7 36·9	195·379	197·755	393·491	7 44·4	202·838	200·384	403·612
8 0·7	197·742	195·285	393·498	7 54·0	200·384	202·766	403·590

Bar. 30·14 in. Ther. 64°·3. Run + 1·2. Images 2. Steadiness 2–3. F.P. 9·50.

Sirius. 1882, March 20.

	b				a		
h m	r	r	R	h m	r	r	R
10 7·2	193·769	191·367	385·286	10 14·8	194·685	197·103	391·940
10 33·7	191·373	193·738	385·284	10 24·6	197·091	194·679	391·931
10 42·2	193·743	191·332	385·250	10 53·5	194·739	197·061	391·991
11 12·9	191·370	193·717	385·317	11 4·0	197·059	194·650	391·913

Bar. 30·14 in. Ther. 63°·3. Run + 0·9. Images 3. Steadiness 3. F.P. 9·50.

Sirius. 1882, March 21.

	a				b		
h m	r	r	R	h m	r	r	R
10 30·0	194·713	197·089	391·967	10 36·6	193·779	191·324	385·279
10 54·3	197·087	194·652	391·930	10 46·9	191·335	193·740	385·262
11 1·1	194·687	197·069	391·958	11 7·3	193·721	191·332	385·272
11 26·1	197·063	194·660	391·972	11 17·1	191·346	193·716	385·302

Bar. 30·21 in. Ther. 63°·5. Run + 0·3. Images 2–3. Steadiness 3. F.P. 9·50.

Canopus. 1882, March 23.

	b				a		
h m	r	r	R	h m	r	r	R
10 36·2	45·185	47·566	92·807	10 44·8	54·960	52·560	107·590
11 4·4	47·555	45·183	92·802	10 57·1	52·575	54·927	107·578
11 11·6	45·128	47·539	92·733	11 19·8	54·938	52·560	107·585
11 36·3	47·578	45·185	92·839	11 29·2	52·556	54·943	107·592

Bar. 30·00 in. Ther. 64°·5. Run + 3·3. Images 2–3. Steadiness 3. F.P. 9·50.

α_2 Centauri.   1882, March 23.

	a				b		
h m	r	r	R	h m	r	r	R
12 1·1	192·036	194·461	386·629	12 7·0	243·181	240·767	484·104
12 22·0	194·505	192·037	386·676	12 14·7	240·760	243·192	484·109
12 29·8	192·036	194·454	386·625	12 37·2	243·177	240·783	484·119
12 55·9	194·464	192·062	386·662	12 46·9	240·776	243·190	484·126

Bar. 29·98 in.   Ther. 63°·0.   Run + 3·3.   Images 2.   Steadiness 2.

Canopus.   1882, March 24.

	a				b		
h m	r	r	R	h m	r	r	R
10 16·5	52·627	54·952	107·639	10 21·6	47·543	45·160	92·755
10 35·1	54·974	52·591	107·632	10 28·0	45·182	47·545	92·781
10 42·3	52·589	54·952	107·611	10 48·3	47·558	45·190	92·807
11 3·3	54·945	52·555	107·579	10 56·1	45·173	47·558	92·793

Bar. 29·87 in.   Ther. 59°·0.   Run + 4·0.   Images 2.   Steadiness 2–3.   F.P. 9·50.

α_2 Centauri.   1882, March 24.

	b				a		
h m	r	r	R	h m	r	r	R
11 18·4	243·169	240·786	484·103	11 26·1	192·067	194·467	386·662
11 40·8	240·771	243·183	484·106	11 32·5	194·448	192·028	386·605
11 50·1	243·188	240·751	484·092	11 59·6	192·050	194·461	386·643
12 18·3	240·788	243·184	484·129	12 10·2	194·436	192·020	386·589

Bar. 29·87 in.   Ther. 59°·0.   Run + 2·7.   Images 1–2.   Steadiness 2.

Canopus.   1882, March 31.

	b				a		
h m	r	r	R	h m	r	r	R
11 19·7	47·483	45·203	92·756	11 25·1	52·607	54·892	107·590
11 38·0	45·205	47·490	92·727	11 32·1	54·891	52·599	107·585
11 44·6	47·475	45·199	92·754	11 52·4	52·592	54·911	107·614
12 7·3	45·171	47·469	92·731	12 0·2	54·882	52·594	107·593

Bar. 30·06 in.   Ther. 64°·0.   Run + 1·7.   F.P. 9·50.

Canopus.   1882, April 1.

	a				b		
h m	r	r	R	h m	r	r	R
11 4·7	52·630	54·887	107·596	11 9·5	47·509	45·216	92·792
11 21·2	54·889	52·590	107·568	11 15·8	45·224	47·514	92·807
11 25·9	52·600	54·885	107·576	11 31·4	47·519	45·162	92·756

Bar. 30·05 in.   Ther. 62°·5.   Run + 2·1.   Images 2.   Steadiness 2.   F.P. 9·50.

ε Indi.   1882, April 2.

	b				a		
h m	r	r	R	h m	r	r	R
15 56·3	201·788	204·140	406·397	16 2·4	230·586	228·290	459·430
16 15·9	204·109	201·849	406·356	16 9·9	228·375	230·622	459·517
16 20·2	201·830	204·226	406·441	16 25·3	230·588	228·296	459·338
16 39·2	204·175	201·931	406·437	16 32·4	228·401	230·631	459·461

Bar. 30·14 in.   Ther. 62°·0.   Run + 2·3.   Images 2–3.   Steadiness 2–3.

ζ Tucanae.   1882, April 2.

	b				a		
h m	r	r	R	h m	r	r	R
17 2·3	200·575	202·864	403·658	17 9·5	197·815	195·487	393·470
17 24·0	202·840	200·565	403·582	17 17·4	195·498	197·835	393·489
17 29·6	200·604	202·884	403·655	17 36·9	197·831	195·489	393·454
17 55·7	202·860	200·552	403·548	17 46·9	195·560	197·865	393·550

Bar. 30·15 in.   Ther. 62°·0.   Run + 2·7.   Images 2–3.   Steadiness 2–3.

ε Indi.   1882, April 8.

	a				b		
h m	r	r	R	h m	r	r	R
16 46·1	230·636	228·343	459·369	16 51·5	201·928	204·491	406·425
17 6·0	228·398	230·701	459·433	16 58·7	204·190	201·906	406·385
17 11·4	230·703	228·424	459·449	17 19·7	201·944	204·233	406·429
17 33·3	228·406	230·722	459·403	17 26·7	204·231	201·913	406·384

Bar. 30·01 in.   Ther. 53°·0.   Run + 2·8.   Images 1–2.   Steadiness 2.   F.P. 9·55.

$α_2$ Centauri.   1882, April 8.

	a				b		
h m	r	r	R	h m	r	r	R
17 49·0	192·115	194·417	386·642	17 56·0	243·161	240·828	484·128
18 11·8	194·418	192·098	386·625	18 4·2	240·845	243·164	484·147
18 17·5	192·085	194·421	386·615	18 23·6	243·171	240·847	484·154
18 39·0	194·414	192·100	386·623	18 32·2	240·842	243·160	484·138

Bar. 30·01 in.   Ther. 51°·5.   Run + 2·5.   Images 1–2.   Steadiness 2.   F.P. 9·55.

$α_2$ Centauri.   1882, April 11.

	b				a		
h m	r	r	R	h m	r	r	R
11 2·7	243·111	240·811	484·069	11 9·8	192·108	194·399	386·633
11 24·1	240·829	243·143	484·123	11 18·2	194·403	192·100	386·631
11 30·4	243·131	240·848	484·131				

Bar. 30·08 in.   Ther. 56°·5.   Run + 1·2.   Images 1–2.   Steadiness 1–2.   F.P. 9·50.

a_2 Centauri. 1882, April 12.

	a				b		
h m	r	r	R	h m	r	r	R
12 37.8	194.395	192.116	386.646	12 44.2	240.813	243.114	484.087
13 0.2	192.125	194.403	386.664	12 52.0	243.129	240.804	484.094
13 4.9	194.388	192.104	386.628	13 11.0	240.813	243.120	484.096
13 32.5	192.128	194.434	386.698	13 23.1	243.119	240.833	484.115

Bar. 30.05 in. Ther. 62°.5. Run + 2.0. Images 2. Steadiness 2–3. F.P. 9.50.

ϵ Indi. 1882, April 17.

	b				a		
h m	r	r	R	h m	r	r	R
19 6.1	204.287	201.986	406.412	19 13.0	228.438	230.748	459.344
19 26.0	201.992	204.282	406.404	19 20.0	230.753	228.449	459.357
19 31.8	204.307	201.983	406.418	19 39.7	228.452	230.761	459.358
				19 48.7	230.760	228.454	459.355

Bar. 30.26 in. Ther. 60°.0. Run + 2.2. Images 2. Steadiness 2–3. F.P. 9.50.

ϵ Indi. 1882, April 18.

	a				b		
h m	r	r	R	h m	r	r	R
17 45.7	228.417	230.746	459.412	17 52.6	204.219	201.953	406.372
18 8.7	230.718	228.429	459.360	17 59.3	201.964	204.292	406.448
18 15.2	228.466	230.753	459.424	18 23.2	204.257	201.972	406.398
18 38.0	230.759	228.453	459.394	18 30.2	201.990	204.273	406.428

Bar. 30.08 in. Ther. 61°.0. Run + 1.4. Images 2–3. Steadiness 2–3.

ζ Tucanae. 1882, April 18.

	a				b		
h m	r	r	R	h m	r	r	R
18 51.3	195.549	197.842	393.501	18 59.9	202.869	200.582	403.564
19 16.7	197.830	195.518	393.460	19 8.7	200.589	202.894	403.596
19 24.1	195.539	197.852	393.525	19 31.3	202.883	200.604	403.604
19 47.4	197.832	195.552	393.503	19 41.3	200.584	202.857	403.558

Bar. 30.08 in. Ther. 57°.5. Run + 1.3. Images 2–3. Steadiness 2–3.

ϵ Indi. 1882, April 19.

	b				a		
h m	r	r	R	h m	r	r	R
15 45.3	204.063	201.820	406.398	15 51.9	228.268	230.566	459.444
16 7.9	201.878	204.168	406.465	16 0.7	230.536	228.305	459.405
16 23.5	204.145	201.889	406.411	16 33.5	228.344	230.642	459.412
16 54.6	201.908	204.209	406.413	16 45.3	230.633	228.361	459.382

Bar. 30.03 in. Ther. 58°.3. Run + 1.1. Images 2. Steadiness 3–4. F.P. 9.52.

α_2 Centauri. 1882, April 21.

	a				b		
h m	r	r	R	h m	r	r	R
13 4·2	194·395	192·120	386·654	13 13·4	240·827	243·107	484·100
13 31·6	192·126	194·386	386·652	13 22·4	243·107	240·807	484·081
13 39·7	194·392	192·104	386·633	14 1·2	240·818	243·103	484·090
14 26·3	192·134	194·396	386·666	14 13·3	243·110	240·843	484·122

Bar. 30·17 in. Ther. 53°0. Run + 2·4. Images 1–2. Steadiness 2. F.P. 9·50.

α_2 Centauri. 1882, April 22.

	b				a		
h m	r	r	R	h m	r	r	R
11 29·3	240·812	243·119	484·083	11 39·4	194·388	192·086	386·606
11 59·8	243·096	240·817	484·071	11 49·9	192·096	194·399	386·628
12 11·8	240·807	243·109	484·075	12 26·8	194·408	192·097	386·642
12 52·7	243·088	240·825	484·076	12 40·3	192·097	194·399	386·633

Bar. 30·18 in. Ther. 57°0. Run + 1·2. Images 2–3. Steadiness 3. F.P. 9·50.

α_2 Centauri. 1882, April 25.

	a				b		
h m	r	r	R	h m	r	r	R
13 19·6	194·370	192·099	386·607	13 33·5	240·815	243·124	484·105
13 19·6	194·416	192·118	386·672	13 33·5	240·804	243·116	484·086
14 0·9	192·423	194·395	386·655	13 48·3	243·090	240·812	484·069
14 0·9	192·115	194·403	386·655	13 48·3	243·111	240·836	484·114

Bar. 30·15 in. Ther. 57°0. Run + 1·6. Images 1–2. Steadiness 2. F.P. 9·52.

ϵ Indi. 1882, April 25.

	a				b		
h m	r	r	R	h m	r	r	R
15 51·4	228·224	230·522	459·367	15 59·0	204·118	201·849	406·432
16 15·6	230·559	228·308	459·368	16 7·3	201·846	204·123	406·402
16 23·9	228·311	230·615	459·393	16 34·0	204·155	201·953	406·458

Bar. 30·15 in. Ther. 54°0. Run + 3·1. Images 2. Steadiness 2–3.

α_2 Centauri. 1882, May 4.

	b				a		
h m	r	r	R	h m	r	r	R
18 39·6	240·847	243·151	484·133	18 47·3	194·388	192·105	386·604
19 3·8	243·140	240·831	484·109	18 55·4	192·092	194·406	386·609
19 10·6	240·855	243·146	484·131	19 19·7	194·408	192·101	386·628
19 38·5	243·131	240·827	484·110	19 31·0	192·113	194·377	386·616

Bar. 30·25 in. Ther. 57°3. Run + 2·8. Images 2–3. Steadiness 2–3. F.P. 9·50.

ζ Tucanae. — 1882, May 4.

	b				a		
h m	r	r	R	h m	r	r	R
19 52.6	202.897	200.573	403.589	20 0.6	195.530	197.833	393.485
20 18.8	200.577	202.887	403.587	20 10.8	197.811	195.529	393.464
20 26.1	202.868	200.568	403.562	20 35.3	195.522	197.807	393.461
20 55.2	200.591	202.889	403.612	20 46.1	197.829	195.507	393.470

Bar. 30.24 in. Ther. 57°.8. Run + 2.3. Images 2–3. Steadiness 2–3.

ε Indi. — 1882, May 6.

	b				a		
h m	r	r	R	h m	r	r	R
16 17.8	201.862	204.164	406.424	16 25.4	230.571	228.304	459.336
16 42.2	204.179	201.861	406.369	16 33.8	228.324	230.622	459.376
16 49.9	201.879	204.200	406.390	16 57.9	230.654	228.387	459.398
17 15.7	204.221	201.905	406.385	17 7.8	228.383	230.658	459.372

Bar. 30.07 in. Ther. 52°.5. Run + 3.5. Images 2. Steadiness 2–3. F.P. 9.50.

a_2 Centauri. — 1882, May 6.

	a				b		
h m	r	r	R	h m	r	r	R
17 27.0	192.100	194.438	386.649	17 35.8	243.144	240.812	484.099
17 52.2	194.402	192.111	386.622	17 43.2	240.845	243.150	484.136
18 1.1	192.126	194.427	386.662	18 9.9	243.138	240.824	484.100
18 25.7	194.433	192.113	386.655	18 17.1	240.823	243.138	484.098

Bar. 30.06 in. Ther. 51°.5. Run + 2.7. Images 2. Steadiness 2–3.

a_2 Centauri. — 1882, May 11.

	b				a		
h m	r	r	R	h m	r	r	R
19 29.5	243.104	240.829	484.078	19 39.1	192.133	194.423	386.686
19 55.7	240.840	243.099	484.104	19 49.3	194.406	192.095	386.638
20 5.8	243.128	240.813	484.116	20 14.2	192.085	194.403	386.651
20 36.5	240.820	243.089	484.133	20 25.3	194.396	192.082	386.658

Bar. 30.01 in. Ther. 54°.0. Run + 3.6. Images 2–3. Steadiness 2–3. F.P. 9.50.

ε Indi. — 1882, May 18.

	a				b		
h m	r	r	R	h m	r	r	R
15 56.8	230.541	228.252	459.390	16 5.7	201.830	204.120	406.392
16 23.3	228.305	230.615	459.393	16 15.8	204.153	201.856	406.417
16 29.1	230.600	228.325	459.376	16 40.8	201.952	204.163	406.451
17 1.2	228.371	230.667	459.388	16 51.3	204.175	201.928	405.413

Bar. 30.22 in. Ther. 51°.0. Run + 1.2. Images 2. Steadiness 3–4. F.P. 9.50.

α_2 Centauri.   1882, May 18.

	a				b		
h m	r	r	R	h m	r	r	R
17 22·0	192·137	194·417	386·677	17 29·8	243·124	240·814	484·082
17 48·4	194·400	192·121	386·632	17 38·8	240·827	243·140	484·110
17 57·2	192·113	194·427	386·650	18 9·0	243·124	240·830	484·093
18 27·4	194·405	192·130	386·645	18 17·0	240·818	243·122	484·078

Bar. 30·21 in.   Ther. 50·5°.   Run + 3·3.   Images 2.   Steadiness 2–3.

α_2 Centauri.   1882, May 19.

	b				a		
h m	r	r	R	h m	r	r	R
16 33·6	243·134	240·797	484·083	16 42·6	192·112	194·443	386·673
16 59·7	240·828	243·137	484·112	16 51·8	194·418	192·099	386·634
17 10·7	243·138	240·825	484·109	17 22·6	192·108	194·434	386·655
17 40·4	240·817	243·159	484·119	17 31·1	194·442	192·118	386·672

Bar. 30·02 in.   Ther. 49·5°.   Run + 3·7.   Images 2.   Steadiness 2–3.   F.P. 9·50.

α_2 Centauri.   1882, May 20.

	a				b		
h m	r	r	R	h m	r	r	R
11 32·2	194·412	192·087	386·630	11 39·2	240·776	243·125	484·055
12 1·0	192·092	194·450	386·677	11 47·8	243·135	240·788	484·079

Bar. 30·18 in.   Ther. 55·0°.   Run + 3·0.   Images 2.   Steadiness 2.   F.P. 9·50.

α_2 Centauri.   1882, May 21.

	b				a		
h m	r	r	R	h m	r	r	R
11 18·4	243·109	240·796	484·057	11 25·8	192·095	194·440	386·667
11 43·8	240·816	243·132	484·105	11 35·1	194·408	192·098	386·640
11 49·9	243·113	240·788	484·069	11 58·7	192·108	194·432	386·676
12 22·8	240·794	243·138	484·095	12 12·4	194·445	192·108	386·690

Bar. 30·46 in.   Ther. 54·8°.   Run + 2·7.   Images 2–3.   Steadiness 2–3.   F.P. 9·50.

α_2 Centauri.   1882, May 22.

	a				b		
h m	r	r	R	h m	r	r	R
11 13·1	194·412	192·099	386·639	11 20·6	240·810	243·108	484·070
11 36·6	192·114	194·428	386·675	11 28·8	243·135	240·798	484·087
11 43·1	194·448	192·126	386·708	11 51·7	240·799	243·144	484·102
12 11·1	192·102	194·419	386·658	12 2·6	243·130	240·793	484·083

Bar. 30·28 in.   Ther. 51·8°.   Run + 2·7.   Images 1–2.   Steadiness 2–3.   F.P. 9·50.

α_2 Centauri.   1882, May 22.

	b				*a*		
h m	r	r	R	h m	r	r	R
17 47·9	240·819	243·111	484·073	17 56·7	194·423	192·088	386·622
18 14·8	243·143	240·786	484·069	18 5·7	192·107	194·442	386·660
18 21·7	240·818	243·162	484·119	18 28·9	194·474	192·091	386·676
18 48·8	243·115	240·818	484·073	18 41·6	192·109	194·436	386·657

Bar. 30·28 in. Ther. 46°·0. Run + 2·9. Images 2. Steadiness 2–3. F.P. 9·50.

α_2 Centauri.   1882, May 24.

	b				*a*		
h m	r	r	R	h m	r	r	R
9 49·5	243·113	240·807	484·057	10 1·0	192·112	194·418	386·646
10 18·7	240·809	243·156	484·106	10 11·2	194·428	192·108	386·654
10 24·8	243·157	240·794	484·093	10 31·9	192·104	194·427	386·652
10 54·9	240·814	243·127	484·088	10 44·3	194·418	192·099	386·640

Bar. 30·43 in. Ther. 57°·0. Run + 1·9. Images 2. Steadiness 2–3. F.P. 9·50.

α_2 Centauri.   1882, May 25.

	a				*b*		
h m	r	r	R	h m	r	r	R
9 52·4	192·011	194·546	386·670	10 2·6	243·207	240·709	484·053
10 18·4	194·527	192·026	386·670	10 10·2	240·716	243·205	484·060
10 26·2	192·038	194·503	386·660	10 33·2	243·207	240·715	484·064
10 53·6	194·523	192·020	386·667	10 44·1	240·711	243·232	484·087

Bar. 30·40 in. Ther. 59°·0. Run + 2·7. Images 2–3. Steadiness 2–3. F.P. 9·50.

α_2 Centauri.   1882, May 25.

	a				*b*		
h m	r	r	R	h m	r	r	R
19 17·1	192·026	194·516	386·664	19 23·6	243·219	240·708	484·074
19 39·8	194·498	191·993	386·623	19 31·6	240·684	243·212	484·046
19 48·1	192·029	194·512	386·680	19 55·9	243·208	240·696	484·073
20 13·2	194·487	192·008	386·660	20 4·1	240·722	243·188	484·086

Bar. 30·38 in. Ther. 50°·0. Run + 3·8. Images 2. Steadiness 2.

α_2 Centauri.   1882, May 29.

	b				*a*		
h m	r	r	R	h m	r	r	R
17 4·1	243·201	240·714	484·063	17 11·0	192·035	194·513	386·662
17 28·7	240·752	243·197	484·092	17 19·0	194·494	192·038	386·645
18 0·8	243·198	240·747	484·084	18 11·4	192·056	194·488	386·654
18 31·9	240·758	243·208	484·103	18 22·3	194·524	192·044	386·678

Bar. 30·08 in. Ther. 49°·0. Run + 1·9. Images 2. Steadiness 2. F.P. 9·50.

e Eridani. 1882, June 25.

	a				b		
h m	r	r	R	h m	r	r	R
0 5·0	256·962	254·499	511·645	0 14·9	267·823	270·319	538·334
0 36·2	254·523	256·963	511·651	0 25·7	270·318	267·838	538·340
0 43·3	256·952	254·511	511·625	0 50·8	267·853	270·299	538·323
1 5·9	254·512	256·984	511·651	0 59·2	270·372	267·861	538·401

Bar. 30·39 in. Ther. 50°·0. Run + 3·5. Images 2–3. Steadiness 2–3. F.P. 9·50.

e Eridani. 1882, June 29.

	b				a		
h m	r	r	R	h m	r	r	R
23 13·9	267·801	270·234	538·301	23 20·7	256·890	254·437	511·599
23 41·1	270·295	267·796	538·315	23 33·6	254·450	256·913	511·578
23 49·6	267·803	270·263	538·280	23 57·6	256·961	254·453	511·604
0 17·9	270·292	267·822	538·303	0 9·6	254·482	256·913	511·576

Bar. 30·18 in. Ther. 45°·5. Run + 3·6. Images 1–2. Steadiness 2. F.P. 9·50.

e Eridani. 1882, July 1.

	a				b		
h m	r	r	R	h m	r	r	R
23 20·5	256·834	254·391	511·459	23 29·1	267·742	270·177	538·161
23 47·3	254·393	256·837	511·431	23 38·8	270·162	267·704	538·094
23 54·7	256·844	254·398	511·425	0 3·3	267·728	270·208	538·138
0 25·4	254·413	256·854	511·439	0 15·6	267·737	270·173	538·102

Bar. 30·15 in. Ther. 42°·8. Run + 2·2. Images 2. Steadiness 2–3. F.P. 9·50.

e Eridani. 1882, July 7.

	b				a		
h m	r	r	R	h m	r	r	R
23 45·2	270·159	267·709	538·083	23 52·8	254·406	256·845	511·442
0 14·4	267·736	270·195	538·119	0 6·0	256·849	254·386	511·415
0 30·4	270·213	267·746	538·137	0 38·9	254·413	256·836	511·430
0 55·1	267·749	270·201	538·115	0 45·3	256·848	254·410	511·417

Bar. 30·15 in. Ther. 55°·0. Run + 1·5. Images 2–3. Steadiness 2. F.P. 9·50.

e Eridani. 1882, July 9.

	a				b		
h m	r	r	R	h m	r	r	R
22 44·3	254·384	256·822	511·510	22 51·4	270·137	267·691	538·145
23 9·0	256·842	254·372	511·466	23 1·9	267·704	270·178	538·173
23 14·6	254·367	256·833	511·444	23 23·4	270·168	267·721	538·140
23 43·1	256·845	254·408	511·460	23 34·1	267·724	270·163	538·123

Ther. 44°·0. Run + 1·5. Images 1–2. Steadiness 2. F.P. 9·50.

α_2 Centauri. 1882, August 1.

	a^1				b^1		
h m	r	r	R	h m	r	r	R
18 11·1	110·076	107·592	217·781	18 17·5	112·815	115·298	228·239
18 31·5	107·603	110·038	217·766	18 24·4	115·289	112·801	228·220
18 37·5	110·042	107·604	217·774	18 46·0	112·886	115·290	228·320
19 3·0	107·596	110·058	217·800	18 55·6	115·248	112·800	228·200

Bar. 30·47 in. Ther. 56°·0. Run + 0·9. Images 2. Steadiness 2–3. F.P. 9·50.

α_2 Centauri. 1882, August 2.

	b^1				a^1		
h m	r	r	R	h m	r	r	R
19 55·9	115·227	112·716	228·156	20 6·6	110·040	107·552	217·798
20 0·3	112·755	115·232	228·205	20 13·3	107·563	110·013	217·788
20 32·3	115·219	112·758	228·241	20 20·9	109·996	107·556	217·774
20 39·0	112·787	115·206	228·268	20 26·2	107·527	110·011	217·766

Bar. 30·36 in. Ther. 58°·0. Run + 3·0. Images 2. Steadiness 2. F.P. 9·50.

α_2 Centauri. 1882, August 3.

	a^1				b^1		
h m	r	r	R	h m	r	r	R
19 17·0	107·585	110·060	217·802	19 31·3	112·829	115·239	228·253
19 23·8	110·031	107·598	217·792	19 37·7	115·238	112·763	228·192
20 1·7	107·534	110·027	217·762	19 46·3	112·803	115·271	228·276
20 10·4	110·026	107·554	217·789	19 51·8	115·296	112·761	228·265

Bar. 30·33 in. Ther. 56°·0. Run + 1·2. Images 2–3. Steadiness 3. F.P. 9·50.

α_2 Centauri. 1882, August 6.

	b^1				a^1		
h m	r	r	R	h m	r	r	R
19 44·3	112·760	115·218	228·182	19 50·6	110·073	107·548	217·814
20 8·7	115·239	112·707	228·180	20 1·9	107·508	110·053	217·766
20 17·1	112·752	115·241	228·239	20 25·4	110·071	107·527	217·831
20 42·7	115·263	112·749	228·300	20 34·5	107·542	110·049	217·836

Bar. 30·28 in. Ther. 44°·5. Run + 4·3. Images 2–3. Steadiness 2. F.P. 9·38.

α_2 Centauri. 1882, August 7.

	a^1				b^1		
h m	r	r	R	h m	r	r	R
19 6·5	107·615	109·998	217·761	19 11·4	115·240	112·863	228·269
19 30·6	110·035	107·601	217·806	19 20·3	112·819	115·250	228·243
19 46·0	107·603	110·012	217·799	19 51·5	115·210	112·804	228·223
20 7·3	109·980	107·595	217·781	20 1·0	112·826	115·172	227·217

Bar. 30·29 in. Ther. 55°·0. Run + 4·1. Images 2. Steadiness 2–3. F.P. 9·50.

α_2 Centauri.   1882, August 11.

	b^1				a^1		
h m	r	r	R	h m	r	r	R
19 6·5	115·206	112·849	228·217	19 19·5	110·028	107·622	217·811
19 11·7	112·878	115·201	228·246	19 24·6	107·639	109·991	217·805
19 44·6	115·180	112·802	228·183	19 33·2	109·984	107·582	217·739
19 50·0	112·810	115·195	228·213	19 38·2	107·586	110·006	217·769

Bar. 30·22 in.   Ther. 51·0°.   Run + 3·7.   Images 2.   Steadiness 2.

α_2 Centauri.   1882, August 12.

	a^1				b^1		
h m	r	r	R	h m	r	r	R
19 24·0	107·627	110·006	217·797	19 34·5	112·830	115·200	228·219
19 28·7	110·009	107·642	217·819	19 38·4	115·185	112·829	228·207
19 56·3	107·591	109·971	217·757	19 46·3	112·806	115·207	228·216
20 1·0	110·011	107·626	217·838	19 50·8	115·213	112·812	228·234

Bar. 30·11 in.   Ther. 50·0°.   Run + 2·9.   Images 1.   Steadiness 1.

α_2 Centauri.   1882, August 18.

	b^1				a^1		
h m	r	r	R	h m	r	r	R
19 44·0	110·057	107·606	217·848	19 56·0	115·212	112·781	228·210
19 49·4	107·636	110·010	217·837	19 59·6	112·792	115·196	228·209
20 22·3	110·029	107·612	217·869	20 9·2	115·174	112·831	228·238
20 29·0	107·580	110·017	217·834	20 14·9	112·760	115·195	228·196

Bar. 30·22 in.   Ther. 47·0°.   Run + 2·0.   Images 2.   Steadiness 2.

Canopus.   1882, September 1.

	a				b		
h m	r	r	R	h m	r	r	R
0 18·7	54·958	52·487	107·576	0 29·0	47·524	45·050	92·695
0 23·8	52·479	54·931	107·537	0 36·9	45·112	47·550	92·775
0 55·7	54·971	52·534	107·609	0 41·7	47·536	45·103	92·748
1 0·9	52·525	54·969	107·594	0 47·4	45·074	47·542	92·720

Bar. 30·23 in.   Ther. 43·0°.   Run + 3·6.   Images 2.   Steadiness 2–3.

Sirius.   1882, September 1.

	a				b		
h m	r	r	R	h m	r	r	R
1 54·2	195·581	195·589	391·854	2 7·5	192·388	192·386	385·275
1 59·8	195·644	195·620	391·891	2 13·1	192·416	192·433	385·314
2 33·5	195·731	195·733	391·864	2 19·5	192·448	192·445	385·323
2 40·0	195·748	195·778	391·899	2 27·7	192·497	192·409	385·295

Bar. 30·23 in.   Ther. 44·0°.   Run + 4·1.   Images 2.   Steadiness 2–3.   F.P. 9·50.

Sirius. 1882, September 3.

	b				a		
h m	r	r	R	h m	r	r	R
3 44.1	192.540	192.510	385.249	3 54.6	195.873	195.851	391.923
3 49.0	192.546	192.561	385.300	3 58.5	195.841	195.807	391.842
4 17.8	192.569	192.539	385.273	4 5.6	195.862	195.846	391.894
4 23.4	192.570	192.569	385.299	4 12.0	195.847	195.830	391.855

Bar. 30.30 in. Ther. 49°.0. Run + 4.3. Images 2. Steadiness 2. F.P. 9.50.

Sirius. 1882, September 8.

	a				b		
h m	r	r	R	h m	r	r	R
3 17.0	197.020	194.604	391.881	3 28.5	193.797	191.296	385.312
3 22.2	194.561	197.095	391.903	3 32.5	191.260	193.762	385.236
3 55.8	197.093	194.638	391.926	3 40.7	193.772	191.308	385.282
3 59.9	194.621	197.071	391.883	3 48.0	191.294	193.806	385.292

Bar. 30.21 in. Ther. 52°.0. Run + 5.0. Images 2. Steadiness 2.

Sirius. 1882, September 25.

	b				a		
h m	r	r	R	h m	r	r	R
3 58.7	191.327	193.790	385.298	4 11.3	194.623	197.053	391.853
4 4.5	193.782	191.296	385.253	4 18.3	197.108	194.587	391.866
4 40.5	191.343	193.788	385.277	4 27.7	194.655	197.060	391.878
4 45.3	193.795	191.351	385.290	4 32.7	197.099	194.631	391.890

Bar. 30.08 in. Ther. 51°.0. Run + 4.8. Images 2. Steadiness 1-2. F.P. 9.50.

Sirius. 1882, September 27.

	a				b		
h m	r	r	R	h m	r	r	R
4 15.5	194.651	197.060	391.888	4 26.2	191.383	193.793	385.335
4 20.6	197.113	194.644	391.930	4 30.3	193.768	191.383	385.306
4 52.2	194.638	197.086	391.873	4 43.1	191.333	193.797	385.278
4 56.2	197.038	194.616	391.800	4 47.8	193.803	191.334	385.282

Bar. 30.56 in. Ther. 50°.0. Run + 3.8. Images 2-3. Steadiness 2. F.P. 9.50.

Sirius. 1882, September 28.

	b				a		
h m	r	r	R	h m	r	r	R
3 42.5	193.730	191.309	385.239	3 52.6	197.145	194.640	391.985
3 46.7	191.276	193.741	385.212	3 58.3	194.589	197.087	391.869
4 20.9	193.794	191.391	385.347	4 6.5	197.086	194.658	391.928
4 28.0	191.361	193.821	385.338	4 12.9	194.610	197.064	391.851

Bar. 30.24 in. Ther. 51°.0. Run + 3.1. Images 2. Steadiness 2-3. F.P. 9.50.

Sirius. 1882, September 30.

	a				b		
h m	r	r	R	h m	r	r	R
3 41·7	194·537	197·065	391·819	3 52·1	191·310	193·785	385·285
3 46·4	197·048	194·604	391·862	3 56·0	193·764	191·293	385·243
4 15·2	194·628	197·066	391·871	4 2·6	191·325	193·778	385·282
4 19·4	197·057	194·632	391·862	4 8·0	193·770	191·311	385·256

Bar. 30·44 in. Ther. 49°·5. Run + 3·7. Images 1–2. Steadiness 1–2. F.P. 9·50.

Sirius. 1882, October 1.

	b				a		
h m	r	r	R	h m	r	r	R
3 42·5	193·784	191·255	385·240	3 57·8	197·064	194·569	391·827
3 47·3	191·295	193·796	385·285	4 6·2	194·600	197·041	391·825
4 31·3	191·273	193·774	385·201	4 24·3	197·047	194·631	391·846

Bar. 30·32 in. Ther. 51°·0. Run + 4·5. Images 2–3. Steadiness 2–3. F.P. 9·50.

Sirius. 1882, October 2.

	a				b		
h m	r	r	R	h m	r	r	R
4 10·5	194·644	197·081	391·904	4 21·5	191·358	193·798	385·316
4 15·3	197·079	194·643	391·896	4 27·6	193·801	191·352	385·308
4 47·8	194·651	197·086	391·886	4 37·7	191·344	193·775	385·268
4 54·7	197·078	194·667	391·890	4 42·1	193·812	191·335	385·293

Bar. 30·19 in. Ther. 52°·5. Run + 2·9. Images 1–2. Steadiness 2. F.P. 9·50.

Canopus. 1882, November 6.

	a				b		
h m	r	r	R	h m	r	r	R
1 33·8	52·548	54·971	107·601	1 50·1	45·141	47·589	92·796
1 41·8	54·958	52·559	107·594	1 56·7	47·545	45·136	92·745
2 20·7	52·532	54·989	107·585	2 6·1	45·123	47·585	92·768
2 26·4	54·973	52·534	107·569	2 13·8	47·561	45·130	92·748

Bar. 30·47 in. Ther. 48°·5. Run + 5·3. Images 2. Steadiness 2–3. F.P. 9·50.

Canopus. 1882, November 7.

	b				a		
h m	r	r	R	h m	r	r	R
1 4·5	45·136	47·556	92·780	1 14·5	52·530	55·013	107·633
1 8·0	47·561	45·114	92·761	1 19·0	54·950	52·537	107·573
1 47·5	45·141	47·558	92·765	1 28·5	52·470	54·953	107·505
1 59·5	47·545	45·155	92·760	1 39·5	54·973	52·544	107·594

Bar. 30·36 in. Ther. 57°·0. Run + 5·5. Images 2–3. Steadiness 2. F.P. 9·50.

Canopus. 1882, November 10.

	a				b		
h m	r	r	R	h m	r	r	R
1 48.5	54.975	52.567	107.615	2 5.4	47.575	45.130	92.763
1 58.0	52.507	54.923	107.500	2 10.2	45.162	47.571	92.790
2 32.4	55.010	52.545	107.613	2 18.4	47.522	45.119	92.695
2 35.6	52.562	54.963	107.583	2 25.4	45.145	47.588	92.784

Bar. 30.17 in. Ther. 58°.0. Run + 5.4. Images 2. Steadiness 2. F.P. 9.50.

Sirius. 1883, January 28.

	a				b		
h m	r	r	R	h m	r	r	R
4 16.4	197.135	194.660	391.960	4 22.4	191.345	193.781	385.278
4 37.4	194.706	197.152	392.008	4 29.4	193.743	191.315	385.205
4 41.9	197.121	194.716	391.983	4 46.9	191.315	193.761	385.212
5 2.9	194.719	197.131	391.984	4 56.9	193.780	191.321	385.232

Bar. 29.97 in. Ther. 72°.0. Run + 4.3. Images 2-3. Steadiness 2-3. F.P. 9.50.

Sirius. 1883, January 29.

	b				a		
h m	r	r	R	h m	r	r	R
4 15.3	191.323	193.779	385.259	4 21.8	197.097	194.710	391.967
4 36.8	193.805	191.370	385.316	4 29.3	194.710	197.179	392.043

Bar. 29.97 in. Ther. 76°.0. Run + 3.0. Images 2. Steadiness 2-3. F.P. 9.50.

Sirius. 1883, January 30.

	a				b		
h m	r	r	R	h m	r	r	R
4 38.7	197.118	194.771	392.038	4 44.2	191.376	193.745	385.260
4 58.5	194.711	197.125	391.973	4 51.5	193.726	191.381	385.242

Bar. 29.87 in. Ther. 70°.0. Run + 5.2. Images 2-3. Steadiness 2-3. F.P. 9.50.

Sirius. 1883, February 2.

	b				a		
h m	r	r	R	h m	r	r	R
4 19.4	191.388	193.762	385.306	4 26.4	197.094	194.705	391.959
4 42.4	193.767	191.371	385.280	4 33.4	194.722	197.134	392.010

Bar. 30.02 in. Ther. 65°.0. Run + 3.9. Images 1-2. Steadiness 2. F.P. 9.50.

Sirius.   1883, February 4.

	b				a		
h m	r	r	R	h m	r	r	R
4 28·7	191·391	193·764	385·305	4 34·7	197·148	194·729	392·031
4 45·7	193·769	191·383	385·292	4 41·2	194·726	197·119	391·995

Bar. 30·09 in.   Ther. 64°·0.   Run + 5·3.   Images 2.   Steadiness 2–3.

Sirius.   1883, February 5.

	b				a		
h m	r	r	R	h m	r	r	R
4 32·6	191·350	193·774	385·270	4 37·6	197·111	194·692	391·953
4 50·1	193·766	191·369	385·272	4 44·6	194·737	197·124	392·007

Bar. 30·07 in.   Ther. 68°·0.   Run + 5·1.   Images 3.   Steadiness 3.   F.P. 9·50.

Sirius.   1883, February 7.

	a				b		
h m	r	r	R	h m	r	r	R
4 44·6	194·752	197·088	391·987	4 49·9	193·765	191·421	385·324
5 1·4	197·125	194·738	392·001	4 55·4	191·388	193·777	385·299

Bar. 30·05 in.   Ther. 66°·0.   Run + 4·1.   Images 2.   Steadiness 2–3.   F.P. 9·50.

Sirius.   1883, March 5.

	a				b		
h m	r	r	R	h m	r	r	R
9 26·8	197·154	194·772	392·051	9 33·3	191·378	193·768	385·274
9 48·1	194·759	197·124	392·016	9 40·7	193·815	191·401	385·348
9 56·3	197·129	194·700	391·967	10 2·6	191·358	193·742	385·244
10 23·0	194·741	197·120	392·015	10 12·5	193·756	191·324	385·231

Bar. 30·13 in.   Ther. 67°·0.   Run + 4·8.   Images 2–3.   Steadiness 2–3.   F.P. 9·50.

Sirius.   1883, March 8.

	b				a		
h m	r	r	R	h m	r	r	R
9 2·2	191·389	193·771	385·280	9 8·8	197·145	194·747	392·013
9 27·0	193·723	191·357	385·208	9 16·8	194·783	197·129	392·035
9 38·9	191·351	193·786	385·270	9 44·2	197·164	194·721	392·019
9 58·1	193·748	191·358	385·249	9 50·8	194·768	197·145	392·049

Bar. 30·18 in.   Ther. 61°·0.   Run + 4·6.   Images 3.   Steadiness 3.   F.P. 9·50.

Sirius. 1883, March 12.

	b				a		
h m	r	r	R	h m	r	r	R
10 1·9	191·321	193·795	385·260	10 7·1	197·182	194·718	392·044
10 20·0	193·746	191·375	385·278	10 13·6	194·718	197·133	392·000
10 29·7	191·357	193·720	385·242	10 35·0	197·126	194·730	392·021
10 50·0	193·737	191·346	385·271	10 41·5	194·709	197·153	392·034

Bar. 30·01 in. Ther. 63°·0. Run + 5·3. Images 3. Steadiness 3. F.P. 9·50.

Sirius. 1883, March 13.

	a				b		
h m	r	r	R	h m	r	r	R
10 10·7	197·172	194·729	392·047	10 15·5	191·360	193·724	385·236
10 25·7	194·714	197·142	392·012	10 20·5	193·739	191·357	385·252
10 30·9	197·091	194·722	391·974	10 37·3	191·360	193·718	385·250
10 50·0	194·727	197·100	392·007	10 44·2	193·710	191·340	385·229

Bar. 30·07 in. Ther. 67°·0. Run + 4·1. Images 1–2. Steadiness 2–3. F.P. 9·50.

Sirius. 1883, March 14.

	a				b		
h m	r	r	R	h m	r	r	R
10 9·0	197·142	194·713	392·002	10 18·5	191·370	193·738	385·265
10 13·6	194·740	197·158	392·048	10 22·1	193·751	191·330	385·242
10 41·5	194·701	197·172	392·046	10 28·0	193·760	191·349	385·274
10 44·2	197·112	194·693	391·982	10 34·0	191·362	193·728	385·261

Bar. 30·23 in. Ther. 62°·0. Run + 4·2. Images 2–3. Steadiness 2–3. F.P. 9·50.

Sirius. 1883, March 16.

	b				a		
h m	r	r	R	h m	r	r	R
10 1·7	191·373	193·772	385·285	10 12·8	197·117	194·729	391·991
10 7·4	193·732	191·333	385·210	10 18·2	194·726	197·101	391·976
10 35·8	193·743	191·345	385·255	10 24·4	194·764	197·157	392·075
10 41·2	191·293	193·758	385·225	10 30·5	197·152	194·713	392·023

Bar. 30·00 in. Ther. 73°·0. Run + 4·0. Images 2–3. Steadiness 2–3. F.P. 9·50.

Sirius. 1883, March 22.

	b				a		
h m	r	r	R	h m	r	r	R
9 6·4	191·380	193·763	385·263	9 15·9	197·122	194·813	392·057
9 10·3	193·753	191·342	385·216	9 22·4	194·718	197·133	391·975
9 45·9	193·802	191·346	385·282	9 30·2	194·757	197·093	391·976
9 54·4	191·389	193·746	385·273	9 37·9	197·134	194·720	391·973

Bar. 30·10 in. Ther. 67°·0. Run + 3·5. Images 3. Steadiness 2–3. F.P. 9·50.

Canopus. 1883, March 24.

a

h m	r	r	R
11 28·0	54·949	52·498	107·540
11 32·0	52·542	54·968	107·606
12 3·5	54·933	52·509	107·563
12 10·0	52·536	54·916	107·578

b

h m	r	r	R
11 38·0	47·567	45·128	92·773
11 44·0	45·118	47·513	92·712
11 51·2	47·538	45·134	92·756
11 56·1	45·132	47·569	92·787

Bar. 30·13 in. Ther. 61°0. Run + 5·3. Images 2–3. Steadiness 2–3. F.P. 9·50.

Sirius. 1883, March 25.

b

h m	r	r	R
9 54·0	191·347	193·783	385·246
9 58·0	193·758	191·332	385·207
10 27·3	191·360	193·770	385·256
10 35·0	193·742	191·323	385·195

a

h m	r	r	R
10 3·9	197·173	194·711	392·026
10 7·6	194·732	197·113	391·989
10 13·7	197·130	194·750	392·028
10 20·6	194·757	197·105	392·016

Bar. 30·10 in. Ther. 65°0. Run + 3·8. Images 2–3. Steadiness 2. F.P. 9·50.

Sirius. 1883, March 27.

a

h m	r	r	R
9 48·2	197·154	194·751	392·039
10 7·5	194·724	197·162	392·030
10 10·5	197·151	194·743	392·040
10 27·7	194·736	197·113	392·008

b

h m	r	r	R
9 55·5	191·343	193·758	385·241
10 3·0	193·756	191·330	385·230
10 16·5	191·339	193·775	385·268
10 23·0	193·739	191·390	385·288

Bar. 30·08 in. Ther. 65°0. Run + 5·4. Images 2–3. Steadiness 2–3. F.P. 9·50.

Sirius. 1883, March 28.

b

h m	r	r	R
10 0·0	191·377	193·742	385·262
10 16·7	193·748	191·332	385·235
10 22·7	191·332	193·780	385·272
10 40·5	193·679	191·351	385·208

a

h m	r	r	R
10 5·5	197·155	194·727	392·027
10 11·5	194·723	197·160	392·031
10 27·7	197·146	194·759	392·066
10 35·5	194·769	197·089	392·026

Bar. 30·14 in. Ther. 61°0. Run + 3·8. Images 2–3. Steadiness 2–3. F.P. 9·50.

α_2 Centauri. 1883, April 3.

b^1

h m	r	r	R
9 46·5	107·658	110·114	217·934
10 10·0	110·106	107·676	217·926
10 17·5	107·676	110·047	217·862
10 39·0	110·091	107·697	217·913

a^1

h m	r	r	R
9 55·5	115·135	112·745	228·037
10 2·5	112·758	115·165	228·075
10 26·5	115·129	112·757	228·021
10 33·5	112·780	115·161	228·072

Bar. 30·17 in. Ther. 52°0. Run + 3·2. Images 3. Steadiness 3. F.P. 9·50.

α_2 Centauri. 1883, April 3.

a^1 | | | | b^1 | | |
---|---|---|---|---|---|---|---
h m | r | r | R | h m | r | r | R
17 4·0 | 112·838 | 115·227 | 228·152 | 17 9·5 | 110·095 | 107·683 | 217·863
17 25·5 | 115·220 | 112·799 | 228·115 | 17 18·5 | 107·681 | 110·077 | 217·846
17 31·5 | 112·842 | 115·217 | 228·158 | 17 39·5 | 110·087 | 107·700 | 217·884
17 54·0 | 115·206 | 112·805 | 228·121 | 17 48·0 | 107·654 | 110·101 | 217·855

Bar. 30·19 in. Ther. 56°·0. Run + 2·8. Images 1–2. Steadiness 1–2. F.P. 9·50.

α_2 Centauri. 1883, April 4.

b^1 | | | | a^1 | | |
---|---|---|---|---|---|---|---
h m | r | r | R | h m | r | r | R
17 12·3 | 107·692 | 110·105 | 217·884 | 17 15·8 | 115·203 | 112·840 | 228·135
17 28·3 | 110·078 | 107·671 | 217·842 | 17 22·8 | 112·803 | 115·206 | 228·105
17 34·5 | 107·690 | 110·088 | 217·874 | 17 38·3 | 115·222 | 112·823 | 228·147
17 51·3 | 110·097 | 107·662 | 217·862 | 17 45·3 | 112·804 | 115·215 | 228·126

Bar. 30·15 in. Ther. 50°·0. Run + 3·4. Images 1–2. Steadiness 1–2. F.P. 9·50.

α_2 Centauri. 1883, April 5.

b^1 | | | | a^1 | | |
---|---|---|---|---|---|---|---
h m | r | r | R | h m | r | r | R
11 20·0 | 107·698 | 110·121 | 217·921 | 11 24·0 | 115·198 | 112·800 | 228·101
11 37·7 | 110·092 | 107·696 | 217·883 | 11 32·7 | 112·798 | 115·217 | 228·115
11 44·3 | 107·688 | 110·108 | 217·887 | 11 49·3 | 115·185 | 112·808 | 228·086
12 3·8 | 110·088 | 107·693 | 217·866 | 11 56·8 | 112·837 | 115·219 | 228·146

Bar. 30·13 in. Ther. 56°·0. Run + 2·5. Images 1–2. Steadiness 1–2. F.P. 9·50.

α_2 Centauri. 1883, April 7.

b^1 | | | | a^1 | | |
---|---|---|---|---|---|---|---
h m | r | r | R | h m | r | r | R
17 23·1 | 107·686 | 110·076 | 217·852 | 17 27·5 | 115·218 | 112·809 | 228·124
17 41·6 | 110·061 | 107·707 | 217·866 | 17 35·3 | 112·797 | 115·230 | 228·127
17 52·8 | 107·704 | 110·103 | 217·910 | 17 56·9 | 115·191 | 112·779 | 228·081
18 11·0 | 110·079 | 107·679 | 217·871 | 18 6·0 | 112·798 | 115·18$_3$ | 228·099

Bar. 30·04 in. Ther. 52°·0. Run + 5·1. Images 2. Steadiness 2. F.P. 9·50.

α_2 Centauri. 1883, April 8.

a^1 | | | | b^1 | | |
---|---|---|---|---|---|---|---
h m | r | r | R | h m | r | r | R
11 12·4 | 112·809 | 115·184 | 228·100 | 11 18·2 | 110·093 | 107·688 | 217·882
11 31·6 | 115·198 | 112·823 | 228·119 | 11 25·3 | 107·699 | 110·057 | 217·854
11 37·1 | 112·834 | 115·179 | 228·109 | 11 42·2 | 110·128 | 107·694 | 217·913
11 56·5 | 115·202 | 112·810 | 228·101 | 11 49·3 | 107·682 | 110·071 | 217·841

Bar. 30·03 in. Ther. 62°·0. Run + 4·5. Images 1–2. Steadiness 1–2. F.P. 9·50.

α_2 Centauri. 1883, April 9.

b^1				a^1			
h m	r	r	R	h m	r	r	R
11 34.5	107.684	110.097	217.878	11 40.8	115.171	112.782	228.051
11 52.6	110.079	107.703	217.871	11 46.1	112.814	115.138	228.048
11 57.4	107.713	110.104	217.905	12 5.9	115.183	112.853	228.125

Bar. 30.24 in. Ther. 52°.0. Run + 4.8. Images 1–2. Steadiness 1–2. F.P. 9.50.

α_2 Centauri. 1883, April 10.

b^1				a^1			
h m	r	r	R	h m	r	r	R
17 34.2	107.716	110.063	217.874	17 38.6	115.188	112.834	228.124
17 57.6	110.086	107.691	217.883	17 52.1	112.806	115.224	228.139
18 16.0	107.666	110.068	217.850	18 22.1	115.168	112.813	228.109
18 35.3	110.060	107.658	217.845	18 28.5	112.807	115.205	228.144

Bar. 30.26 in. Ther. 54°.0. Run + 4.0. Images 2. Steadiness 2. F.P. 9.50.

α_2 Centauri. 1883, April 12.

a^1				b^1			
h m	r	r	R	h m	r	r	R
17 45.9	115.202	112.807	228.113	17 51.7	107.705	110.064	217.870
18 6.2	112.807	115.157	228.080	17 59.0	110.113	107.694	217.912
18 13.3	115.165	112.788	228.073	18 22.5	107.656	110.096	217.869
18 34.9	112.792	115.213	228.139	18 28.9	110.077	107.667	217.865

Bar. 29.90 in. Ther. 57°.0. Run + 4.4. Images 2. Steadiness 2–3. F.P. 9.50.

α_2 Centauri. 1883, April 14.

b^1				a^1			
h m	r	r	R	h m	r	r	R
17 11.5	110.113	107.713	217.910	17 17.9	112.838	115.198	228.127
17 30.0	107.705	110.092	217.889	17 25.5	115.145	112.811	228.051
17 36.2	110.098	107.670	217.862	17 43.6	112.822	115.164	228.089
18 5.2	107.709	110.060	217.877	17 56.5	115.170	112.826	228.105

Bar. 30.21 in. Ther. 59°.0. Run + 2.5. Images 3. Steadiness 3. F.P. 9.50.

α_2 Centauri. 1883, April 16.

a^1				b^1			
h m	r	r	R	h m	r	r	R
9 58.0	115.148	112.775	228.076	10 6.0	107.675	110.096	217.915
10 21.0	112.788	115.188	228.112	10 14.0	110.129	107.690	217.957
10 27.0	115.181	112.793	228.107	10 36.0	107.692	110.120	217.935
10 52.0	112.801	115.192	228.111	10 44.5	110.066	107.716	217.901

Bar. 30.05 in. Ther. 60°.0. Run + 4.8. Images 2. Steadiness 2–3. F.P. 9.50.

a_2 Centauri. 1883, April 18.

	a^1				b^1		
h m	r	r	R	h m	r	r	R
17 25·2	112·824	115·272	228·190	17 29·7	110·116	107·683	217·890
17 41·4	115·229	112·850	228·181	17 36·0	107·708	110·125	217·926
17 49·0	112·830	115·220	228·155	17 55·5	110·105	107·693	217·901
18 7·5	115·198	112·850	228·165	18 1·7	107·672	110·108	217·886

Bar. 30·03 in. Ther. 60°·0. Run + 2·4. Images 2–3. Steadiness 2–3. F.P. 9·50.

---

a_2 Centauri. 1883, April 20.

	a^1				b^1		
h m	r	r	R	h m	r	r	R
9 39·4	112·796	115·171	228·132	9 44·8	110·078	107·698	217·935
10 1·0	115·162	112·793	228·103	9 51·5	107·686	110·104	217·943
10 38·7	112·784	115·185	228·093	10 41·9	110·140	107·710	217·969

Bar. 29·77 in. Ther. 60°·5. Run + 3·0. Images 2. Steadiness 2. F.P. 9·50.

---

a_2 Centauri. 1883, April 23.

	b^1				a^1		
h m	r	r	R	h m	r	r	R
11 19·5	110·105	107·709	217·916	11 26·3	112·783	115·210	228·096
11 37·3	107·704	110·120	217·918	11 31·7	115·203	112·796	228·099
11 46·5	110·130	107·718	217·939	11 52·6	112·812	115·215	228·118
12 6·2	107·713	110·098	217·896	11 58·3	115·182	112·811	228·083

Bar. 29·92 in. Ther. 57°·0. Run + 3·4. Images 1–2. Steadiness 2. F.P. 9·50.

---

a_2 Centauri. 1883, April 23.

	b^1				a^1		
h m	r	r	R	h m	r	r	R
17 38·9	110·096	107·721	217·913	17 44·9	112·801	115·219	228·123
17 56·5	107·720	110·077	217·900	17 50·8	115·217	112·834	228·157
18 5·4	110·104	107·680	217·893	18 12·3	112·772	115·196	228·087
18 26·5	107·697	110·080	217·896	18 18·5	115·190	112·798	228·112

Bar. 29·89 in. Ther. 56°·0. Run + 3·7. Images 2. Steadiness 2. F.P. 9·50.

---

a_2 Centauri. 1883, April 25.

	a^1				b^1		
h m	r	r	R	h m	r	r	R
10 13·4	112·770	115·158	228·070	10 19·0	110·075	107·663	217·871
10 35·5	115·158	112·784	228·070	10 28·3	107·661	110·120	217·910
10 43·7	112·796	115·181	228·099	10 50·8	110·085	107·673	217·874

Bar. 30·05 in. Ther. 59°·0. Run + 4·3. Images 1–2. Steadiness 2–3. F.P. 9·50.

α_2 Centauri.   1883, April 28.

	b^1				a^1		
h m	r	r	R	h m	r	r	R
10 13.2	107.702	110.094	217.936	10 17.6	115.189	112.774	228.102
10 28.0	110.093	107.686	217.909	10 23.8	112.802	115.177	228.115
10 39.2	107.688	110.111	217.921	10 44.7	115.171	112.783	228.077
10 59.0	110.112	107.724	217.947	10 50.0	112.808	115.183	228.111

Bar. 30.20 in. Ther. 57°.5. Run + 2.5. Images 2. Steadiness 2. F.P. 9.50.

Canopus.   1883, April 30.

	a				b		
h m	r	r	R	h m	r	r	R
11 21.5	54.930	52.528	107.548	11 32.0	47.567	45.157	92.800
11 27.2	52.566	54.966	107.626	11 40.0	45.146	47.546	92.772
11 57.0	54.943	52.525	107.585	11 44.5	47.513	45.133	92.728
12 2.8	52.526	54.933	107.582	11 51.0	45.179	47.544	92.807

Bar. 30.14 in. Ther. 55°.0. Run + 5.9. Images 2-3. Steadiness 2-3. F.P. 9.50.

Canopus.   1883, May 1.

	a				b		
h m	r	r	R	h m	r	r	R
11 20.0	54.919	52.603	107.610	11 30.2	47.524	45.174	92.772
11 24.8	52.561	54.948	107.600	11 34.2	45.151	47.563	92.791
11 56.4	54.891	52.562	107.568	11 44.5	47.530	45.147	92.758
12 1.9	52.595	54.939	107.654	11 49.5	45.160	47.521	92.764

Bar. 30.07 in. Ther. 59°.5. Run + 4.1. Images 2-3. Steadiness 2-3. F.P. 9.50.

Canopus.   1883, May 3.

	b				a		
h m	r	r	R	h m	r	r	R
10 9.0	45.219	47.522	92.791	10 19.0	52.573	54.961	107.595
10 13.6	47.561	45.194	92.806	10 25.8	54.974	52.577	107.615
10 49.5	45.169	47.571	92.800	10 35.2	52.587	54.943	107.597
10 55.5	47.519	45.176	92.758	10 42.5	54.941	52.583	107.594

Bar. 30.00 in. Ther. 60°.0. Run + 4.9. Images 2. Steadiness 2. F.P. 9.50.

ERRATA AND ADDENDA.

HELIOMETER OBSERVATIONS FOR STELLAR PARALLAX.

Page.	No.	Column.	For	Read
3	1	4	298·091	298·177
4	1	1	18·8·9	18·18·9
5	2	3	35·695	35·696
6	1	Ther.	39·8	42·5
8	1	,,	48·1	48·4
,,	2	8	467·206	467·256
9	1	Date	August 20.	August 30.
,,	2	2	35·698	35·696
11	1	Ther.	55·3	53·3
13	5	Run	4·9	3·9
14	3	5	19·55·6	19·45·6
17	4	5	0·52·5	0·53·5
18	2	3	137·707	139·707
20	2	2	81·596	81·597
,,	3	Date	November 24.	November 25.
,,	5	8	282·092	282·093
21	1	Images	2	2–3
23	4	8	282·059	282·057
,,	,,	Steadiness	2	2–3
24	2	2	117·797	117·707
,,	,,	5	8·54·2	8·54·3
,,	5	3	139·774	139·772
25	2	7	139·787	139·789
,,	3	8	487·324	487·322
26	3	5	4·22·2	4·42·2
27	1	Stars	α, β.	α^1, β^1.
,,	,,	3	232·170	232·190
,,	5	Star	α Centauri.	α_2 Centauri.
,,	,,	Stars	β, α.	β^1, α^1.
,,	,,	6	234·639	234·689
29	3	5	13·12·3	13·21·3
30	1	Run	6·1	3·6
31	2	5	10·27·3	10·23·7

Page.	No.	Column.	For	Read
31	2	6	232·262	232 252
”	5	3	213·904	213·404
33	1	3	213·386	213·381
34	4	Steadiness	2	3
36	5	Ther.	64·0	63·5
37	1	”	61·5	62·3
39	5	7	144·273	144·276
43	1	Ther.	59·5	60·0
44	4	Images	1–2	2
45	5	Ther.	57·5	58·0
46	1	Steadiness	2–3	3
47	3	Ther.	48·0	49 3
48	5	”	46·5	45·3
49	3	6	150·078	150·079
50	1	Ther.	53·5	54·8
51	4	Steadiness	2–3	3
”	5	5	18·52·3	18·52·2
54	1	Steadiness	2	3
59	1	Run	2·5	2·8
”	5	Steadiness	2	3
61	1	Ther.	53·0	52·5
73	3	3	144·358	144·356
”	5	7	211·107	211·139
75	1	2	117·626	147·626
76	2	5	18·25·9	18·25·8
80	2	Images	2–3	3
”	”	Steadiness	2–3	3
85	5	3	171·929	171·926
91	4	2	194·140	194·190
”	”	Ther.	71·7	70·7
92	3	”	58 8	58·0
93	5	”	63·1	53·1
94	1	Images	3	3–4
98	1	7	193·706	193·766
”	3	Steadiness	3	3–4
99	2	Ther.	54·0	57·0
103	2	1	12·2·7	11·2·7
”	5	Images	3	3–4
104	1	”	3	3–4
103	1	5	18·2·4	18·12·4

Page.	No.	Column.	For	Read
106	3	Steadiness	3	3-4
108	2	6	243·000	243·300
,,	4	Ther.	49·8	49·3
116	2	,,	45·5	46·2
,,	5	,,	53·0	54·5
,,	,,	Images	2-3	1-2
,,	,,	Steadiness	2-3	1-2
117	3	Images	3	3-4
121	3	7	194·506	194·566
125	4	Images	2	3
127	4	Steadiness	3	3-4
128	1	,,	3	3-4
,,	4	Images	1-2	2
,,	5	7	240·756	240·766
129	2	8	537·	538·
130	2	7	195·502	195·507
,,	3	Steadiness	3	3-4
131	4	,,	3	3-4
133	4	,,	3	3-4
135	2	Bar.	29·81	29·89
,,	4	Run	+ 0·4	− 0·4
,,	,,	Images	2	3
136	1	Ther.	46·0	64·0
139	4	,,	59·0	60·0
140	4	Steadiness	3	3-4
144	3	Ther.	53·0	52·5
145	3	,,	61·0	60·5
146	2	Steadiness	3	3-4
149	1	Ther.	46·0	45·5
150	2	8	511·599	511·559
,,	3	F.P.	9·50	9·00
,,	4	,,	9·50	9·00
153	5	Images	2	3
160	1	Ther.	52·0	50·0
161	3	,,	57·0	57·5
,,	4	,,	56·0	56·5
,,	5	,,	59·0	59·5

Data to be inserted in Heliometer Observations.

Page.	No.	Bar.	Ther.	Run.	Page.	No.	Bar.	Ther.	Run.
		in.	°				in.	°	
9	2	30·34	55·0	+ 2·3	27	3	30·09	61·5	+ 3·9
10	5	30·42	55·0	+ 6·2	27	5	–	–	+ 2·7
12	5	–	–	+ 3·3	28	1	–	–	+ 3·9
14	5	30·07	53·2	+ 3·9	30	1	–	–	+ 3·6
15	1	30·10	50·0	+ 4·5	31	5	–	–	+ 4·7
21	3	30·14	55·0	+ 2·6					

Page.	No.	Images.	Steadiness.	Page.	No.	Images.	Steadiness.
5	1	3	3	11	5	1	2
	3	3	3–4	12	1	3	3
	5	2	2		2	3	3
6	1	1–2	2–3		3	2	3–4
	2	1–2	1–2		4	1–2	2
	4	2	2–3		5	1	1–2
	5	1–2	1–2	13	1	2–3	3
7	1	1–2	1–2		2	3–4	4
	2	2	3		3	3	3
	3	2–3	3–4		4	2–3	2–3
	4	4	3–4		5	1–2	2–3
	5	2	1–2	14	1	2	2–3
8	1	2	3–4		2	3–4	3
	2	2	2		3	1–2	2–3
	3	3–4	3–4		4	1–2	1–2
	4	2–3	2–3		5	1–2	3–4
	5	1–2	1–2	15	1	1–2	1–2
9	1	2	2		2	1–2	2
	3	2–3	2		3	2	2–3
	4	1	2		4	1	1
	5	1	2		5	3	3
10	1	2	3	16	2	2–3	2–3
	2	1–2	2–3		3	1–2	1–2
	3	3–4	3		4	1–2	1–2
	4	3	3	17	1	2	3–4
	5	3	3	18	2	2–3	2–3
11	1	2	2		5	2	2
	2	4	4	19	1	2	2–3
	3	2	2		2	2–3	2–3
	4	2	3		3	2	2

Page.	No.	Images.	Steadiness.	Page.	No.	Images.	Steadiness.
19	4	2–3	2–3	27	5	2	2–3
	5	3	3	28	3	3	3
20	1	2–3	2		4	2	2
	2	3	3		5	2–3	3
	3	2–3	2–3	29	1	3	3
	4	2	2–3		2	2	3
	5	2–3	2–3		4	3–4	3–4
21	1	2	3		5	2–3	3–4
	2	1–2	2–3	30	1	3	3
	3	3	3		2	2–3	3
	4	1–2	2–3		3	2–3	3
	5	1–2	2–3		4	1–2	2–3
22	1	2–3	2–3		5	2–3	3
	2	2–3	2–3	31	1	1–2	1–2
	3	1–2	2–3		2	1–2	1–2
	4	2	3		3	2	2
	5	3	3		4	2–3	3
23	1	2–3	3		5	2	2–3
	2	3	3	32	1	3	3–4
	3	1–2	1–2		2	2–3	2–3
	4	2–3	3		3	2	2
	5	2–3	2–3		4	3–4	3–4
24	1	1–2	2–3		5	3	3
	2	1–2	2–3	71	4	2	2–3
	3	1–2	3	72	1	2	2–3
	4	2	2–3	81	3	2	2
	5	2–3	2–3	83	2	2	2
25	1	2	3–4	84	2	3	3
	2	1–2	2	100	1	1–2	2
	3	2–3	3	104	5	2–3	3
	4	1	1–2	105	2	2	2
26	1	1	1–2		5	2	3
	2	1–2	2	108	1	3	3
	3	2	2–3		2	2	2–3
	4	2	2	109	3	2–3	2–3
	5	1–2	1–2		4	2	2
27	1	1–2	2	110	1	2	2
	2	1–2	2		2	2	2
	3	1–2	1–2	143	4	2	2–3
	4	2	2–3				

Page 73. No. 1. Columns 1 to 4. *Insert* 8·18·8, 251 531, 253·897, 505·574.
Page 156. No. 1. *Insert* F.P. 9·50.

www.ingramcontent.com/pod-product-compliance
Lightning Source LLC
Chambersburg PA
CBHW030434190426
43202CB00036B/212